新手妈妈枕边书系列

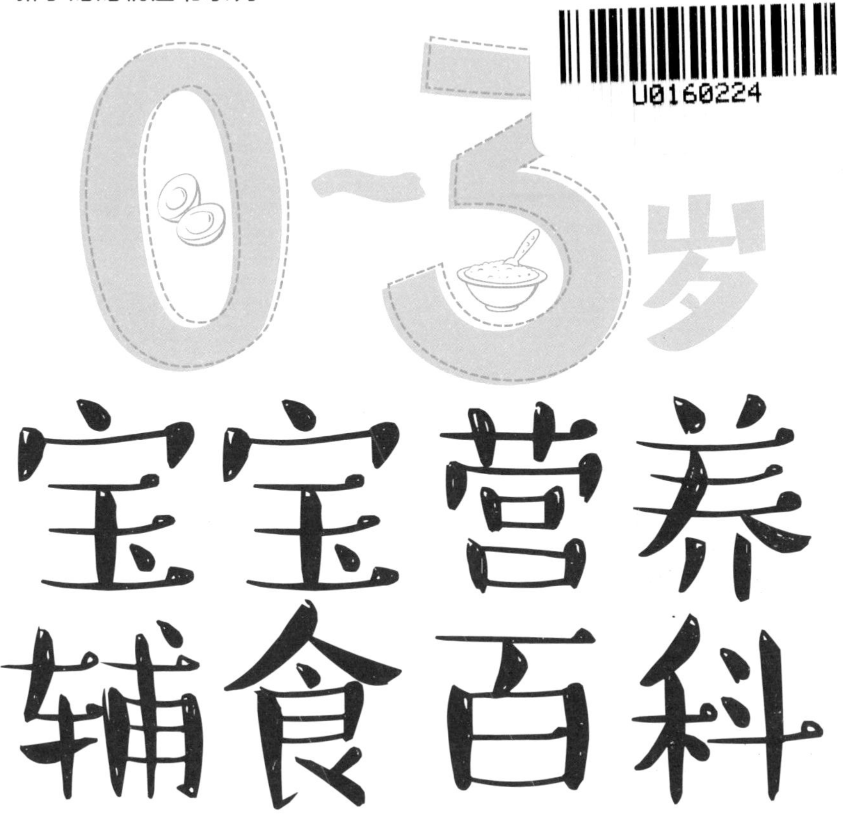

0~3岁宝宝营养辅食百科

张晔 ——— 编著
原解放军 309 医院营养科主任
中央电视台《健康之路》、北京卫视《养生堂》特邀专家

吉林科学技术出版社

图书在版编目（CIP）数据

0～3岁宝宝营养辅食百科 / 张晔编著 . -- 长春：吉林科学技术出版社，2023.2

ISBN 978-7-5578-9209-8

Ⅰ . ① 0… Ⅱ . ①张… Ⅲ . ①婴幼儿－食谱 Ⅳ . ① TS972.162

中国版本图书馆 CIP 数据核字 (2022) 第 010287 号

0～3岁宝宝营养辅食百科

0～3 SUI BAOBAO YINGYANG FUSHI BAIKE

编　　著　张　晔
出 版 人　宛　霞
责任编辑　宿迪超
助理编辑　徐海韬
全案制作　悦然生活
幅面尺寸　167 mm × 235 mm
开　　本　16
印　　张　16
字　　数　256千字
印　　数　1-5000册
版　　次　2023年2月第1版
印　　次　2023年2月第1次印刷
出　　版　吉林科学技术出版社
发　　行　吉林科学技术出版社
地　　址　长春市福祉大路5788号出版集团A座
邮　　编　130118
发行部电话/传真　0431-81629529　81629530　81629531
81629532　81629533　81629534
储运部电话　0431-86059116
编辑部电话　0431-81629517
印　　刷　长春百花彩印有限公司
书　　号　ISBN 978-7-5578-9209-8
定　　价　49.90元

前言 PREFACE

有了宝宝以后，恨不得把所有的时间都用来陪他（她）一起成长，这样一边幸福着，一边又时刻担心着他（她）的健康，这是很多父母的共性。在哺育宝宝成长的过程中，喂养显得尤为重要，因为宝宝的很多不良症状都是由喂养不当造成的，营养摄入的适宜与否会对宝宝的健康成长产生重要的影响。一方面，0～3 岁是宝宝人生中的第一个生长高峰期，为了维持快速生长的需要，宝宝对营养的需求会越来越高。另一方面，由于这个时期宝宝的消化吸收系统还不成熟，对食物的营养摄入有限，如果喂养不当，就会引起呕吐、腹泻甚至营养不良等疾病，从而影响宝宝的健康成长。因此，新手爸妈学习和掌握一些科学的喂养护理方法非常必要。

面对娇嫩的新生宝宝，初为父母的你可能会不知所措，不知道一天喂几次奶，该喂多少，什么时候开始补充鱼肝油和钙制剂，什么时候是添加辅食的最佳时机，怎样断奶更科学，怎样添加辅食能使宝宝获得更全面的营养，怎样做出宝宝爱吃又营养的辅食，各种食材怎么搭配才更有营养，宝宝对哪些食物容易过敏……随着宝宝的不断成长，一系列的喂养难题便接踵而至。这对于新手爸妈来说无疑是一次重大的考验与修炼，最终能不能“修成正果”，除了要靠平时积累的生活经验外，一本营养辅食工具书必不可少。

本书从科学与实用的角度出发，指出了 0～3 岁宝宝在成长过程中的营养需求、添加辅食的步骤、如何科学断奶，提供了一些常见喂养难题的解决方法，并按月龄提供了适合宝宝生长发育的营养食谱，推荐了 24 种有利于宝宝生长发育的最佳食材，还推荐了适合这个时期宝宝生长发育的营养素食谱、特效功能食谱等。同时，本书还介绍了宝宝常见疾病的饮食调理法。

我们相信，通过对本书的学习，每位爸爸或妈妈都能成为宝宝的特级营养师。

目录

CONTENTS

见此图标 微信扫码

手把手教你养育 健康聪明好宝宝

扫码获取

- 婴儿护理
- 饮食喂养
- 科学早教
- 育儿贴士

上篇 0～3岁宝宝分阶段饮食

第1章 0～1个月 新生儿期，母乳是最好的营养

第2章 2～3个月 快速生长期，营养要跟上

第3章 4个月 辅食添加准备期，初尝果汁

第4章 5~6个月 辅食添加初期，添加可吞咽的辅食

第5章 7~8个月 辅食添加中期，添加蠕嚼型辅食

第6章 9~10 个月 辅食添加后期，添加细嚼型辅食

第7章 11~12 个月 辅食添加完成期，添加咀嚼型辅食

第8章 1~2 岁 牙齿初成期，软烂型食物让宝宝吃得香

下篇 做宝宝最好的食疗保健师

第3章 特效功能食谱，让宝宝身体棒

第4章　饮食调理，让宝宝的病好得快

附 录 宝宝辅食制作小课堂

上篇

0~3岁宝宝分阶段饮食

第1章

0～1个月
新生儿期，
母乳是最好的营养

新生儿的营养需求

足月新生儿每天所需营养

1. 热能：热能是满足基础代谢、生长、排泄等活动所需要的物质基础。足月儿出生后第一周，每天每千克体重需 251～335 千焦的热量；第二周以后，每天每千克体重需 335～418 千焦的热量。

2. 蛋白质：足月新生儿每天每千克体重需 2～3 克。

3. 氨基酸：足月新生儿每天必须足量地摄取 9 种人体必需的氨基酸。

4. 脂肪：足月新生儿每天总的需求量为 9～17 克 /418 焦耳热量。母乳中不饱和脂肪酸占 51%，其中的 75% 可被吸收，而牛乳中不饱和脂肪酸仅占 34%。

5. 碳水化合物：足月新生儿每天需碳水化合物 17～34 克 /418 焦耳热量。母乳中的碳水化合物全部为乳糖，牛乳中的碳水化合物只有约一半是乳糖。

6. 矿物质：钠、钾、氯、钙、磷、镁、铁、锌。

钠	妈妈在喂奶期间不宜吃得过咸。但并不是一点儿也不需要钠，新生儿也需要盐。
钾、镁	乳品中的钾、镁能满足宝宝身体的需要。
氯	氯随同钠和钾被一起吸收。
钙、磷	母乳中的钙有 50%～70% 在新生儿肠道中被吸收，牛乳中钙的吸收率仅为 20%。所以，母乳喂养的宝宝不易缺钙，磷的吸收也比较好，不易缺乏。
铁	母乳和牛乳中铁的含量都不高，牛乳中的铁不易被吸收，因此牛乳喂养的宝宝更容易缺乏铁。足月新生儿身体铁的储存量够其使用 4～6 个月。但如果孕妈妈自身缺铁，容易导致新生儿铁储备量不足，因此要及时补充铁。
锌	足月新生儿很少出现缺锌的状况，一般不需要额外补充。

7. 维生素：包括维生素 K、维生素 D、维生素 E、维生素 A。健康孕妈妈分娩的新生儿，很少缺乏维生素，所以不需要额外补充。如果孕妈妈在孕期维生素摄入不足，易导致胎盘功能低下而早产，新生儿身体可能缺乏维生素 D、维生素 C、维生素 E 和叶酸。

新生儿喂养

初乳最为珍贵

初乳是指新生儿出生后 7 天内所吃的母乳。俗话说："初乳滴滴赛珍珠。"初乳不仅含有一般母乳的营养成分，还含有抵抗多种疾病的抗体、免疫球蛋白、噬菌酶、吞噬细胞、微量元素等。这些免疫球蛋白能提高新生儿的抵抗力，促进新生儿健康发育。此外，初乳中还含有保护肠道黏膜的抗体，能预防肠道疾病。初乳中蛋白质的含量高，容易消化和吸收。初乳还能刺激肠胃蠕动，加速胎便排出，加快肝肠循环，减轻新生儿生理性黄疸的出现。

总之，初乳的优点很多，特别是产后头几天的初乳，免疫抗体含量最高，所以千万不能丢弃初乳。

新生儿最好能按需哺乳

新生儿在出生后 1~2 周内，吃奶的次数会比较多，有的宝宝一天可能吃奶达十几次。即使是在后半夜，吃得也比较频繁。到了 3~4 周，吃奶的次数会明显减少，每天也就 7~8 次，后半夜往往一觉睡到自然醒，5~6 小时不吃奶。

即使是刚出生的宝宝也是知道饱饿的，什么时候该吃奶，宝宝会用自己的方式告诉妈妈。妈妈要知道乳汁是否足够喂哺宝宝，如果乳汁不足，宝宝是吃不饱的。

专家点拨

实行纯母乳喂养的建议

为了使妈妈们能够实行和坚持在最初 6 个月进行纯母乳喂养，世界卫生组织和联合国儿童基金会建议：

1. 在分娩后最初的 6 小时内就应开始母乳喂养。
2. 母乳喂养最好按需进行，不分昼夜。
3. 最好不要使用奶瓶、人造奶头或安抚奶嘴喂奶。

母乳喂养的正确姿势

在喂奶的过程中，妈妈要保持放松、舒适的自然状态。

妈妈用手臂托着宝宝的头，使宝宝的脸和胸脯贴近妈妈，下颌紧贴妈妈的乳房。

妈妈用手掌托起乳房，用乳头刺激宝宝的唇，待宝宝张嘴，将乳头和乳晕一起送入宝宝的嘴里。待宝宝完全含住乳头和大部分乳晕后，用宝宝的两颌和舌头压住乳晕下面的乳窦来“挤奶”。

妈妈应用手指握住乳房上、下方，托起整个乳房喂哺，以便于宝宝吸吮。这样也不会堵住宝宝的鼻子。

婴儿良好的含接方式

含接良好（婴儿口上方有较大乳晕）	含接不好（婴儿口下方有较大乳晕）
嘴张得较大	嘴未张大
下唇向外翻	下唇向内翻
下颌接触乳房	下颌未触到乳房

婴儿良好的吸吮状态

良好的吸吮状态	不良的吸吮状态
吸吮慢而深，有停顿	嘴未张大
吸吮时双颊鼓起	下唇向内
婴儿吃饱后嘴松开乳房	下颌未触到乳房
妈妈有泌乳反射指征	无泌乳反射指征

妈妈喂奶后不要倒头就睡

不少新手妈妈经过分娩、产后护理婴儿的阶段后，常常疲惫不堪，因此喂完奶后，会倒头就睡，这对新生儿来说是非常危险的。因为新生儿的食道入口贲门肌发育还不完善，很松弛，而胃的出口幽门很容易发生痉挛，加上食道短，喝下去的奶很容易反流出来，出现溢乳。当新生儿仰卧时，反流物会呛入气管，容易造成窒息，甚至猝死。

因此，新手妈妈在喂奶后，一定要抱起宝宝轻拍宝宝的背部，待宝宝打嗝后再缓缓放下，观察几分钟，如果宝宝睡得很安稳，再躺下睡觉。

人工喂养与混合喂养

人工喂养的乳类选择

甜奶粉：甜奶粉是将牛奶的水分去掉，加糖制成的。每 100 克甜奶粉含糖 50 多克，而淡奶粉的含糖量为 35 克。甜奶粉含糖量高，不易消化，味道偏甜，容易造成宝宝对甜食的依赖，从而导致添加辅食困难。

淡奶粉：淡奶粉的成分跟甜奶粉基本一致，只是含糖量不同。酪蛋白含量较高，不易消化，也不太适合喂养宝宝。

婴儿奶粉：婴儿奶粉以牛奶为主要原料，从大豆中提取大豆蛋白和油脂来弥补牛奶中酪蛋白含量高和不易消化的缺点，补充了滋养性的单糖，增加了维生素 D 和铁质，比较适合婴儿食用。

配方奶：根据母乳的营养成分，重新调整搭配奶粉中的酪蛋白与乳清蛋白、饱和脂肪酸与不饱和脂肪酸的比例，去除了部分矿物盐，加入各种维生素、乳糖、精炼植物油等，比较适合 2 岁以内的宝宝食用。

混合喂养的最佳方法

混合喂养也叫部分人工喂养，适用于母乳不足情况下的婴儿喂养。方法有两种：补授法和代授法。

补授法：每次喂母乳后，不足部分用配方奶补齐，其好处是能保证宝宝每顿都可以吃上一定量的母乳。

代授法：用奶粉完全代替一次或几次母乳，代授法奶粉喂养的次数要不超过母乳次数的一半。

混合喂养要充分利用有限的母乳，尽量多喂母乳。如果妈妈认为母乳不足，就过多地减少母乳喂养的次数，反而会使母乳越来越少。母乳喂养次数要均匀分配，不要很长时间都不喂母乳。

早产儿的喂养

早产儿对营养的需求量相对较多，但其胃容量小，容易溢奶，故喂奶应坚持少量多次的原则。喂奶的时间间隔可以缩短到 2~3 小时。除了要补充维生素 C、维生素 D 外，出生体重低于 2000 克的早产儿，在出生后 6 周内，可以适当加服 10~15 毫克维生素 E。如果是胎龄不足 34 周的早产儿，因其吸吮、吞咽功能较差，一般需要住院，在医护人员的看护下喂养。

低体重儿的喂养

低体重儿是指出生时体重小于 2500 克的婴儿，在喂养方面要特别注意。

喂奶量：每天每千克体重从 60 毫升开始，往后每天每千克体重增加 20 毫升，直至总量达到每天每千克体重 200 毫升。

喂奶次数：每天喂养 8～12 次，每 2～3 小时喂 1 次，继续喂养直至婴儿体重达到或超过 2500 克，能够完全进行正常母乳喂养为止。

检查婴儿 24 小时吃奶的量。每个婴儿的喂养量可能不同。

妈妈要知道宝宝传递出来的饱、饿信息

宝宝饿了	宝宝饱了
饥饿性哭闹	吃奶时漫不经心，吸吮力减弱
用小嘴找奶头	有一点动静就停止吸吮，甚至放下奶头，寻找声源
当把奶头送到嘴边时，会急不可待地衔住，满意地吸吮	用舌头把奶头抵出来，再放进去，还会抵出来，再试图放进去的话，宝宝会转头不理你
吃得非常认真，很难被周围的动静打扰到；尿量不多；大便少，呈绿稀便	每天小便在 6 次以上；每天大便 2～4 次，为金黄色软便

专家热线　0~1个月

新手妈妈如何挤奶？

1. 手工挤奶法

挤奶最好由新手妈妈自己来做，因为别人挤奶很可能引起疼痛，反而抑制了喷乳反射，用力过大的话还容易造成乳房损伤。

（1）新手妈妈应找一个舒适的位置坐下，将盛奶的容器放在靠近乳房的地方。

（2）挤奶时，新手妈妈将拇指放在乳头、乳晕上方，食指放在乳头、乳晕下方，其他手指托住乳房。

（3）将拇指、食指向胸壁方向挤压，挤压时手指一定要固定，不能在皮肤上滑来滑去。

（4）每次挤奶的时间以20分钟为宜，双侧乳房轮流进行。一侧乳房先挤5分钟，再挤另一侧乳房，这样交替挤下的奶会多一点。

2. 奶瓶挤奶法

一些新手妈妈乳房肿胀、疼痛严重、乳房紧绷，这时用手挤奶会比较困难，可以采用奶瓶挤奶的方法。

（1）取一个容量为1升的大口瓶，瓶口的直径不应小于2厘米，用开水将瓶装满，数分钟后倒掉开水。

（2）用毛巾包住拿起瓶子，将瓶口在冷水中冷却一下。将瓶口套在乳头上，不要漏气。稍停一会儿，瓶内会形成负压，乳头被吸进瓶内，慢慢地将奶吸进瓶中。

（3）待乳汁停止流出时，轻轻按压瓶子周围的皮肤，瓶子就可以被取下了。

3. 吸奶器挤奶法

如果条件允许，最好买电动的、双头的吸奶器。手动吸奶器是人工控制吸奶过程，不能保持恒定的频率和力量，而且很费体力。电动吸奶器能调控频率和力量，且能持久恒定按摩乳房，刺激乳腺。

见此图标 微信扫码
手把手教你养育健康聪明好宝宝

红薯粥

材料　新鲜红薯 100 克，大米 50 克。

做法

1　红薯洗净，去皮，切块。
2　大米洗净，浸泡 30 分钟。
3　将泡好的大米和红薯块放入锅中，加适量清水，大火煮沸后，转小火继续熬煮，成浓稠的粥即可。

营养师说

新手妈妈应多食红薯，有益气通乳、润肠通便的作用。

益血养阴
通乳

花生炖猪脚

材料　猪蹄两只（约 500 克），花生米 50 克，枸杞子 5 克。

调料　盐 4 克，葱段适量。

做法

1　猪蹄洗净，用刀划口，便于入味。
2　将猪蹄、花生米放入锅中，加适量清水，大火烧开，撇去浮沫，用小火炖至熟烂，加枸杞子稍炖，加盐调味，骨能脱掉时，撒葱花即可。

营养师说

猪蹄中含有较多的蛋白质、脂肪和碳水化合物，搭配花生米做汤，有通乳、益气养血的作用。

第2章

2～3个月
快速生长期，
营养要跟上

2～3 个月宝宝营养需求

2～3 个月的宝宝每天所需的热量是每千克体重 335～418 千焦。如果低于 335 千焦，容易导致宝宝体重增长缓慢；而超过每千克体重 502 千焦时，则容易因热量摄取过多而导致肥胖。

人工喂养的宝宝可以根据每天喂的配方奶的量来计算热量，而母乳喂养和混合喂养的宝宝，妈妈一般都弄不清楚宝宝到底吃了多少母乳，这样就不好判断宝宝每天摄取了多少热量。实际上，大多数的宝宝已经知道饱和饿了，可以按照宝宝自己的需要来供给奶量。此外，还可以通过每周测量体重来计算，如果每周体重增长都超过 200 克，就有可能是摄入的热量过多；如果每周体重增长低于 100 克，就有可能是热量摄入不足。

2～3 个月的宝宝可以完全依靠母乳来摄取所需要的营养，不需要添加任何辅食。如果母乳不足的话，可以适量添加婴儿奶粉，但不需要补充任何营养品。

重点营养素关注 DHA、ARA

DHA、ARA 对人体脑细胞分裂、神经传导、智力发育和免疫功能有十分重要的作用，它们不仅能促进宝宝体内的血液流通顺畅，还能振奋精神，有效改善不良情绪，对宝宝的眼睛和大脑的发育十分有益。此外，还能提高宝宝的智力和学习能力，帮助宝宝增强记忆力。

1994 年，联合国粮农组织和世界卫生组织（FAO/WHO）建议：足月婴幼儿每天每千克体重 DHA 的摄入量为 20 毫克，ARA 的摄入量为 40 毫克。

健康的新生儿最好优先考虑母乳喂养。因为母乳中含有足量的 DHA 和 ARA。只有当母乳不足或无母乳时，才考虑给宝宝选择足量的、比例合适的 DHA 和 ARA 的配方奶粉。DHA 容易被氧化，因此，最好能与富含维生素 C、维生素 E 及 β－胡萝卜素等有抗氧化成分的食物搭配食用。

母乳与配方奶喂养需求

继续坚持按需哺乳的原则

在喂哺宝宝时，不要机械地规定喂哺时间，坚持按需哺乳即可。

2~3 个月的宝宝基本可以一次吃饱，吃奶的间隔时间也长了，一般 2.5~3 小时一次，一天 7 次。有的宝宝 2 小时或 4 小时吃一次也是正常的。但如果一天吃奶的次数少于 5 次或大于 10 次，就要向医生咨询是否异常。

防止人为混合喂养儿的产生

2~3 个月宝宝的吸吮能力增强，吸吮速度加快，吸吮一下所吸入的乳量也增加了，因此，吃奶的时间缩短了，但妈妈不能就此判断是奶少了，不够吃了。如果妈妈此时为宝宝添加奶粉，因乳胶或硅胶材质的奶嘴孔大、吸吮省力，且奶粉比母乳甜，就会导致宝宝从此可能会喜欢上奶粉，而不再喜欢母乳了。母乳是越刺激奶量就越多，如果每次都有吸不净的奶，就会使乳汁的分泌量逐渐减少，最终造成母乳不足，这就人为地造成了混合喂养。

对没有兴趣吃奶的宝宝要拉长喂奶间隔

有的宝宝吃得很少，好像不会饿似的，给奶吃就漫不经心地吃一会儿，不给奶吃，也不哭闹，没有吃奶的欲望。对这样的宝宝，妈妈就要把喂奶的时间间隔拉长，一旦宝宝把奶头吐出来，把头转过去，就不要再给宝宝吃了，过 2~3 小时再给宝宝喂食。这样就能保证宝宝每天吃的总奶量了，每天的营养需要也会得到保证。

扫码获取

- 婴儿护理
- 饮食喂养
- 科学早教
- 育儿贴士

人工喂养与混合喂养

人工喂养的标准

宝宝在满月后，就可以喂全奶了，不再需要稀释。此时，每次的喂奶量也开始增加，可以从每次的 50 毫升增加到 80～120 毫升。但具体到每个宝宝，每次到底应该吃多少奶，不能完全照本宣科，如果完全按照书本上的推荐量，有的宝宝会吃不饱，而有的宝宝会因吃得过多而引起积食。所以，最好根据宝宝的需要来决定喂奶量，妈妈完全可以凭借对宝宝的细心观察而弄清楚宝宝所需的奶量。

给宝宝选择好奶粉

市场上有很多适合宝宝的奶粉，其基本原料都是牛奶，只是添加的一些维生素、矿物质、微量元素含量不同，各有所偏重。为宝宝选择奶粉时，要选择按照国家统一奶制品标准加工制作的、正规渠道经销的、适合相应月份宝宝的奶粉。购买时，要看外包装是否有生产日期、有效期、保存方法、厂家地址、电话、奶粉成分及含量、所释放的热量、调配方法等。最好选择知名品牌或销量大的奶粉。

一般来说，选定了一种品牌的奶粉后，如果没有特殊的情况，就不要轻易更换奶粉的品牌，如果频繁更换，容易导致宝宝消化功能紊乱和喂哺困难。

奶液调配的时间

奶液是很好的细菌培养基，要防止变质，就要根据季节变化掌握调配的时间。炎热的夏季，配方奶应按照喂哺的时间随时冲调。而在冬季，如果需要带宝宝外出的话，可以提前一小时左右调配，并放入保温器内保温，当需要时即可取出哺喂。但如果是放置了两小时以上的奶或宝宝喝剩下的奶应丢弃，以免奶变质而对宝宝的健康产生不利影响。如果奶变冷了，在喂哺前，要先将奶瓶放到热水杯中温热再喂给宝宝。

混合喂养不要攒母乳，只要有了就喂

一般来说，如果上一顿没有喂饱宝宝，下一顿一定要喂配方奶；如果上一顿宝宝吃得很饱，到下一顿喂奶时间了，妈妈感觉到乳房很胀，挤一下奶，也感觉比较多时，可以继续用母乳喂养。这是因为，母乳不能攒，如果乳房受憋了，就会减少乳汁分泌。母乳吃得越空，分泌得就会越多。

专家热线　2~3个月

宝宝喂养不当会有哪些表现?

一般来说，2~3个月宝宝的大便大都是比较有规律的。如果喂养不当或有食物过敏等情况，宝宝的大便次数会突然增加，严重时每天可达10次，便如稀水、腥臭，还有呕吐、厌奶、精神不济等症状，有的宝宝甚至会出现皮肤干燥、尿少、口渴嗜饮等不适症状。这时要及时补充盐和水分，一定程度上可缓解病情。

需要叫醒睡得正香的宝宝起来喂食吗?

早产、体重低或稍弱的宝宝，觉醒能力较差，如果一直让宝宝睡下去，有可能会发生低血糖。所以，如果宝宝睡觉超过了3小时仍然不醒，就要叫醒宝宝给他喂奶。如果宝宝拒绝吃奶，就要看宝宝是否有其他异常情况，如观察一下是否生病了之类的。

当然，在后半夜就不要叫醒宝宝了，除非他是超过了6小时一直都没有吃奶。

人工喂养宝宝时如何掌握奶汁的温度?

妈妈可以将冲泡好的奶汁装入奶瓶中，把奶汁滴几滴在自己的手背上，如感到不烫，这个温度就刚好适合宝宝的口腔温度，可以给宝宝吃。有的父母习惯用口吮吸几口奶汁来感觉奶汁的温度，这样很不卫生。因为成人口腔中的细菌很容易留在奶嘴上，宝宝的抵抗力比较弱，容易引起疾病。而且，成人口腔对温度的感觉与宝宝的感觉有些许差别。有时，大人觉得奶汁温度不烫，但对宝宝来说，这温度却是不能忍受的。

见此图标 微信扫码 手把手教你养育健康聪明好宝宝

补钙生肌 清肠胃

豌豆炖排骨

材料 排骨 500 克，豌豆 50 克。

调料 盐 5 克。

做法

1 豌豆洗净；排骨洗净，剁成小块，放入沸水锅中焯烫，捞出沥干水分。

2 净锅置火上，放适量清水，放排骨炖至八成熟，放豌豆，煮至豌豆、排骨烂熟，加盐调味即可。

营养师说

这道菜含有丰富的蛋白质、脂肪等，新手妈妈多食能补钙、生肌、润肠胃，强身健体。

补虚益气 催奶

冬笋黄花鱼汤

材料 冬笋片 30 克，雪菜碎 40 克，黄花鱼 1 条。

调料 葱段、姜片各 5 克，盐 4 克，黄酒 10 克，植物油适量。

做法

1 黄花鱼处理干净后加黄酒腌渍 20 分钟。

2 黄花鱼放油锅内两面各煎片刻后，加清水，放冬笋片、雪菜碎、葱段、姜片大火烧开，转中火煮 15 分钟，加盐调味即可。

营养师说

冬笋与黄花鱼做成汤具有滋阴养血、补益脏腑、下乳催奶的作用。

第3章

4个月
辅食添加准备期，初尝果汁

眼扫码获取
- 婴儿护理
- 饮食喂养
- 科学早教
- 育儿贴士

第 4 个月宝宝营养需求

从乳类中获得所有营养

4 个月宝宝仍能从母乳中获得所需要的营养，每天所需要的热量为每千克体重 398 千焦左右。母乳喂养充足的宝宝不用添加任何辅食。

4 个月宝宝对碳水化合物的消化吸收能力很差，对母乳的消化吸收能力很强，对蛋白质、矿物质、脂肪、维生素等营养成分的需求可以从乳类中获得。《中国居民膳食指南》上建议，婴幼儿 6 月龄应该添加辅食，也有的地方会在 4 月龄时开始尝试添加。

重点营养素关注　水

在提到给宝宝增加营养时，不少妈妈会想到矿物质、脂肪、碳水化合物等，但是最常见、最普通的营养素——水，却往往被忽略。

水的作用

构成全身组织的重要材料；帮助消化、吸收食物营养；帮助人体内各系统吸收和运输营养素；帮助排泄废弃、有害物质；降低体温，补充液体，顺利排泄有害物质，缩短病程，早日恢复健康。

宝宝缺水对身体的影响

口渴、眼窝凹陷、干燥甚至休克；不能下咽食物，也没有消化液帮助吸收食物营养，摄入的水量不足，肾脏不能顺利地将有害物质排出，容易造成尿中毒；有可能导致脱水，不利于身体有害物质排出，对疾病恢复也不利。

宝宝的需水量

对宝宝来说，生长发育比较旺盛，对水的需求量很大，每天消耗的水分占体重的 10%~15%。宝宝每天所需水量与年龄、体重、摄入的热量及尿量均有关系。处在婴儿期的宝宝，每天需水量为每千克体重 120~160 毫升。

母乳与配方奶喂养指南

怎样判断母乳是否不足

如果宝宝每天的体重增长低于 20 克，一周的体重增加低于 120 克，就表明母乳不足了。如果宝宝开始出现闹夜的情况，吃奶时间间隔比原来延长了，体重低于正常同龄儿，此时就应该及时添加配方奶了。

添加配方奶困难怎么办

因母乳不足而给宝宝添加配方奶，很多时候宝宝会很排斥，在这种情况下，可以用小勺喂，小勺喂也不行的话，就给宝宝添加辅食，如米粉、菜汁、菜泥、鸡蛋等，但这时添加米粉可能导致宝宝消化不好。如果母乳不是很少，就要坚持哺乳到 4 个月以后，到那时宝宝可能会突然爱吃配方奶了。

夜间吃奶情况

这个月宝宝基本上是 4 小时吃一次奶，夜间可能仅吃一次，有的宝宝会一夜都不吃。如果夜里饿的话，宝宝会醒来找奶吃。因此，妈妈不必将宝宝叫醒给他喂奶。

上班的妈妈要继续母乳喂养

上班的妈妈可以提前把奶挤出来，放到冰箱中，到了固定时间，让家人喂给宝宝食用。妈妈早上最好能早点起来，留出给宝宝喂奶的时间。家人可以在宝宝还没饿的时候就用奶瓶喂食，这样会降低宝宝对奶瓶的抵触情绪。最好能提前让宝宝熟悉奶瓶。

家人在给宝宝喂食时，从冰箱中拿出母乳，奶瓶底部会有些沉淀，须轻轻摇匀，并用温水浸泡几分钟，使母乳温度达到室温。不要把奶瓶直接放在炉火上面或微波炉中加热，因为温度过高会破坏母乳中的营养成分。融化冷冻的母乳时，须将奶瓶放入流动的冷水中，逐次加入热水，直到冻乳完全融化，与室温相同。

宝宝会厌食配方奶

人工或混合喂养的宝宝会厌食配方奶。3 个月前的宝宝不能完全吸收配方奶中的蛋白质，无论吃多少都不会完全吸收，吃多就排泄出去了。可是，3 个月后，宝宝就能相当多地吸收配方奶中的蛋白质和其他营养成分了。这时宝宝的食欲有所增强，开始喜欢吃配方奶。因吃奶多，使得宝宝的肝脏和肾脏加大了工作量，宝宝会胖起来，多余的能量也储存起来了。因此用不了多久，宝宝的肝脏和肾脏就因疲劳歇着了，宝宝就又开始厌食配方奶了。

专家热线 辅食添加准备期

怎样喂宝宝吃婴儿营养米粉科学?

米粉最好在白天喂奶前添加，上午、下午各一次，每次两勺干粉（奶粉罐内的小勺），用温水调和成糊状，喂奶前用小勺喂给宝宝。每次米粉喂完后，立即用母乳喂养或配方奶喂饱宝宝。妈妈们必须记住，每次进食都要让宝宝吃饱，使宝宝进食规律，不会形成少量多餐的习惯。在宝宝吃完辅食后，再给宝宝喝奶，直到宝宝不喝为止。当然，如果宝宝吃完辅食后，不再喝奶，就说明宝宝已经吃饱。宝宝耐受这个量后，可逐渐增加米粉喂食量。当宝宝能够习惯米粉 2～3 周后，可以加上少许菜泥。

怎样给宝宝添加果汁呢?

1. 宝宝 4 个月大时，可以喂宝宝少量果汁，并以 1：1 的温水稀释，温度不要太高，避免破坏果汁中的维生素 C；6 个月后可以饮用纯果汁。
2. 从添加单一口味逐渐过渡到多种口味。每尝试一种果汁都要注意宝宝的生理变化，如果发现宝宝有腹泻或皮肤过敏等异常情况，就应暂停饮用。

宝宝喝果汁后便便变硬，还能继续喂果汁吗?

喂宝宝喝果汁后，即使宝宝的便便出现一些小变化，也无须停止喂果汁。不要担心，等宝宝对果汁适应了，便便就会逐渐恢复正常。需要说明的是，在众多的水果当中，柑橘类水果的果汁最容易使宝宝的便便变硬。

南瓜汁

调理
便秘

材料 南瓜 100 克。

做法

1 南瓜去皮、瓤，切成小丁，蒸熟，然后将蒸熟的南瓜用勺压烂成泥。

2 在南瓜泥中加入适量开水稀释调匀后，放在干净的细漏勺上过滤一下，取汁食用即可。

营养师说

南瓜汁富含膳食纤维，能促进宝宝肠道蠕动，预防便秘。

苹果汁

材料 苹果 1 个。

做法

1 选用熟透的苹果，洗净，切成两半。

2 将苹果皮和核去掉，切成小块。

3 将小块苹果放在榨汁机中榨成汁即可。

营养师说

苹果汁含有维生素 C、膳食纤维等，且口感清香，有帮助消化、增进食欲、促排便的作用。

小白菜汁

材料 小白菜 250 克。

做法

1 小白菜洗净，切段，放入沸水中焯烫至九成熟。

2 将小白菜放入榨汁机中加纯净水榨汁，过滤后即可。

营养师说

小白菜中含有多种营养素，1 岁之前的宝宝可以多接触、尝试几种蔬菜，能预防其日后挑食。

清热除烦
利尿解毒

第4章

5~6个月 辅食添加初期，添加可吞咽的辅食

辅食添加初期宝宝的营养需求

宝宝对营养的需求较之以前没有太大的变化，每天需要的热量为每千克体重 398～418 千焦。5 个月的宝宝可以适量添加辅食，不是因为母乳营养不足，也不是用辅食来代替母乳，而是为了让宝宝养成吃乳类以外食物的习惯，刺激宝宝味觉的发育。宝宝如有吃母乳以外食物的欲望，能为半断母乳做好准备，也为宝宝出牙、吃固体食物做准备，还能锻炼宝宝的吞咽能力，促进咀嚼肌的发育。

注意给宝宝补铁

6 个月的宝宝，身体铁的储备量减少，母乳和牛乳已经不能满足宝宝对铁质的需要了。因此，要逐渐给宝宝补充富含铁质的辅食。

含铁量较高又适合此阶段宝宝食用的食物是蛋黄。如果上个月已经给宝宝添加了 1/4 个蛋黄，这个月可以增加到 1/2 个蛋黄了。

重点营养素关注 牛磺酸

牛磺酸是宝宝身体健康的平衡器，但宝宝体内牛磺酸的量很少，因此妈妈要开始为宝宝补充牛磺酸。

认识牛磺酸

牛磺酸是人体一种必需氨基酸，是宝宝身体健康的平衡器。牛磺酸存在于人体所有的组织器官中，其重量约占人体重的 0.1%，但新生儿体内的牛磺酸却很少，所以必须从外界摄取。

牛磺酸的来源

蔬菜、水果、谷类、干果等食物中都不含牛磺酸，只有禽畜类、水产类和奶制品中含牛磺酸。其中以海产品中的牛磺酸含量最高。青花鱼、沙丁鱼、墨鱼、章鱼、海螺、牡蛎、牛肉等食物中都含有丰富的牛磺酸。其中，鱼类背部深色部位含牛磺酸的量较多，而牡蛎中的牛磺酸含量是最高的。

母乳与配方奶喂养指南

添加辅食不要影响母乳喂养

母乳仍然是6个月的宝宝的最佳食品，不能急于把母乳替换下来。5个月的宝宝不爱吃辅食的话，这个月有可能仍然不爱吃辅食。但大多数母乳喂养儿到了这个月就开始爱吃辅食了。但需要注意的一点是，不管宝宝是否爱吃辅食，都不能因为辅食的添加而影响到母乳的喂养。

慎重添加配方奶

母乳分泌逐渐不足，这时就可以添加一次配方奶。如果每天需要添加150毫升以上，还需要继续添加果汁、菜汁和蛋黄。如果添加的配方奶一天不足150毫升，说明母乳还能提供宝宝所需的热量，就不必每天添加配方奶了，特别是对于厌食配方奶的宝宝来说更是这样。

尊重宝宝的食量

要允许吃得少的宝宝保持自己的食量，妈妈不应该在意宝宝吃多吃少，而要注意监测宝宝的身高、体重、头围和各种能力的发展情况。实际上，真正由疾病引起的食量偏小并不多见，许多都是人为引起的。爸爸妈妈能否客观掌握宝宝的食量是喂养的关键。

专家点拨

宝宝食量因人而异

吃得少和吃得多是有个体差异的。随着月份的增加，妈妈的乳量并不是不断增加的。不少家长认为，宝宝大了，就应该吃更多的奶，这种认识是错误的。宝宝吃奶量不增加，并不意味着宝宝厌奶了。

人工喂养的宝宝厌食配方奶的情况很少，添加辅食也比较容易。添加辅食后，配方奶的摄入量每天不应超过1000毫升。如果每次喂200毫升，则每天添加5次；每次喂250毫升，则每天添加4次。如果每次喂180毫升，每天添加5次，宝宝也能吃饱，那就保持每次喂180毫升。不必为让吃饱而多给宝宝吃辅食，更不要摄入过多脂肪，否则容易引起宝宝肥胖。

母乳喂养为主，适当添加辅食

5 个月的宝宝只要母乳吃得好，妈妈的乳量比较充足，体重就会很正常地增加，一般平均每天体重增加 20 克左右。可以每 4 小时给宝宝喂一次奶，每天吃 4~6 餐，其中包括一次辅食。每次喂食的时间应该控制在 20 分钟以内，两次喂奶中间可以喂水或果汁、蔬菜汁，每天喂 50~60 毫升果汁和菜汁，每天喂 1/4 个蛋黄。这个月辅食的品种可以更加丰富，让宝宝慢慢适应各种辅食的味道，可以添加一些稀粥和汤面，还可以添加鱼肉。当然，母乳或配方奶还应当是宝宝的主食。

6 个月的宝宝应该减少哺乳，增加辅食，以“母乳或配方奶 + 辅食”作为宝宝的正餐。妈妈可以每天有规律地哺乳 4~5 次，逐渐增加辅食的量，减少哺乳量，并在哺乳前喂辅食，每天喂辅食 2 次。这个月里，妈妈要将谷类、蔬菜、水果及肉蛋类逐渐引入宝宝的食谱中，让宝宝尝试不同口味、不同质地的新食物。宝宝发育离不开鱼、鸡肉、牛肉等蛋白质丰富的食物，应将其切碎，和蔬菜一同煮烂后喂给宝宝。妈妈不要着急给宝宝断奶，只给宝宝吃辅食，因为如果一味地喂宝宝辅食，容易导致宝宝营养不均衡。

辅食添加初期应选择流质食物

给宝宝添加辅食不仅是为了补充更多的营养，也是锻炼宝宝吞咽固体食物的能力。所以，最好不要用奶瓶喂粉末状辅食，应试着用勺子一口一口地喂。1 岁以前应做吞咽固体食物的练习，因为宝宝如果对液体食物产生依赖不仅会引起肥胖，而且会对后续断奶造成一定的困难。但是，在辅食添加初期，宝宝的消化功能还没有发育完全，最好给宝宝喂流质食物。

大米糊是第一种辅食

选择辅食时应从大米糊开始。大米是过敏可能性最小、最容易消化的食物，它没有刺激性味道，是断奶餐的首选食材。

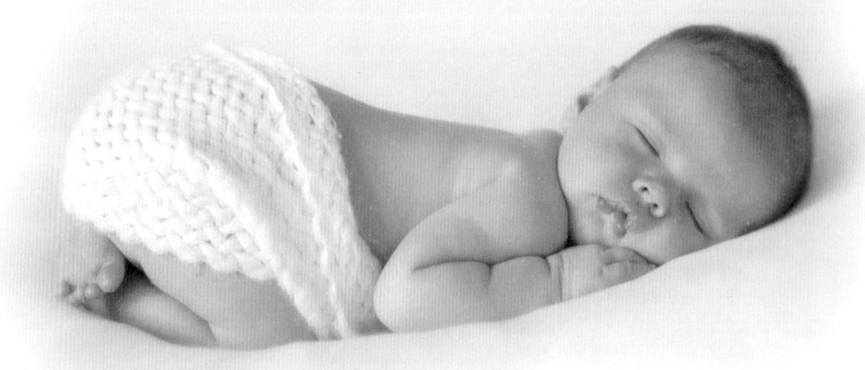

辅食添加原则

可以尝试添加辅食的信号

宝宝出生后的 4 个月内不能消化母乳及奶粉以外的食物，肠道功能也未发育成熟，此时喂养以上食物容易引起过敏反应，如果出现反复多次的食物过敏，就有可能引起消化器官和肠功能萎缩，导致对食物的拒绝。所以，添加辅食的时机最好开始于消化器官和肠道功能发育成熟到一定程度的 5 个月后。

随着消化酶的增多，5 个月宝宝的消化功能逐渐发达，唾液的分泌量会不断增加。这时期的宝宝会突然对食物产生兴趣，看到大人吃东西时，自己也张嘴或朝着食物前倾上身，这时就应该开始准备给宝宝添加辅食了。

每个新生儿都有用舌头推掉放进嘴里的除液体以外的食物的反射反应，这是一种防止造成呼吸困难的保护性动作。推舌反射一般消失于宝宝开始挺脖子的 5 个月前后。如果把勺子放进宝宝口中，宝宝没有用舌推掉，就可以开始尝试添加辅食了。

最初的辅食一般是糊状的，注意不能让宝宝的头垂着，这样有堵住宝宝气道的危险。所以，应在宝宝可以挺起头和脖子时开始添加辅食。

宝宝的主食仍应以乳汁为主，辅食要慢慢添加，保证宝宝有足够的适应时间。可喂些如米糊、粥等含淀粉的食物，从 1 匙、2 匙喂起，可根据宝宝的消化情况酌情增减，宜在每次喂奶前喂米糊或粥，能吃多少吃多少。

添加的食材及烹饪要点

5 个月宝宝可以放心吃的食物

食材	喂养时间	营养及喂食须知	食用方法
香蕉	出生 5 个月	几乎不含脂肪，碳水化合物含量高，蛋白质、维生素、矿物质含量也很丰富，可以在辅食添加初期喂食	选择表面有褐色斑点、熟透的香蕉，去皮切块，放大米糊中煮熟后喂食
苹果	出生 5 个月	苹果含丰富的纤维和锌，是宝宝初期断奶餐的最佳选择，可以在宝宝适应蔬菜米糊后再喂食	皮下含有丰富的营养成分，削皮要稍微薄一点儿，苹果去皮后磨碎，用纱布过滤后再放入开水中烫后食用
菜花	出生 5 个月	能增强宝宝的抵抗力，帮助肠排毒，适合容易感冒、有便秘问题的宝宝	去掉茎部，将菜花部分用开水烫过再捣碎，每次要选择新鲜的菜花
白萝卜	出生 5 个月	含丰富的消化酶，能缓解宝宝的感冒咳嗽，萝卜有点辣味，应在宝宝 5 个月时再开始喂食	根部比较辣，给宝宝喂食最好避开，可以用中间或叶子部分，削皮要削厚点才容易磨碎
西蓝花	出生 5 个月	富含维生素 C，适合喂患感冒的宝宝，味道比较浓，宝宝可能会拒绝，应在宝宝 5 个月时再开始喂食	茎部较硬，不易消化，最好给宝宝喂食菜花部分，一次做得多了，可以将其磨碎后放入冷冻室保存

6 个月宝宝可以放心吃的食物

食材	喂养时间	营养及喂食须知	食用方法
油菜	出生 6 个月	富含维生素 C、胡萝卜素、钙、铁等，适合 6 个月后的宝宝食用	长时间加热会破坏油菜中的维生素和叶酸，可以用开水烫一下叶子部分后绞碎，然后用筛子筛出粗渣
蘑菇	出生 6 个月	含蛋白质等，能提高免疫力，先给宝宝少量食用，无异常反应后再正常食用	用开水烫一下，切小块，再用粉碎器捣碎后食用
胡萝卜	出生 6 个月	富含维生素和矿物质，虽富含铁，但也含较多的容易引起贫血的硝酸盐，应在 6 个月再开始喂食	去皮、蒸熟、捣碎后食用
卷心菜	出生 6 个月	能提高宝宝的抗病能力，体质较弱的宝宝更应多食	先去掉韧而硬的表皮部分，用开水烫一下菜叶，放入粉碎机中捣碎，加入大米糊中煮熟后食用
莴苣	出生 6 个月	富含维生素和有机物，能预防贫血，特别适合成长期的宝宝食用	去掉叶，削去表皮，食用干净鲜嫩的部分

辅食食材常规处理方法

压碎

1. 用勺背压碎。将食材放入盘或其他盛器中，用勺背将食材压碎。

2. 用菜刀压碎。像豆腐一样硬度的食材，可放在砧板上用刀的侧面摁压，能轻松地碾碎。

研磨

1. 用研钵研磨。最好事先准备好专用于制作宝宝断奶食品的研钵。

2. 用搅拌机研磨。比如花生米、芝麻等坚果，可以用搅拌机所带的干磨杯将食物研磨成粉。这能节省不少的时间。磨好的食物粉末可以添加到宝宝的断奶食物中。

榨汁

1. 用榨汁机榨汁。可以用榨汁机榨橙汁、橘子汁、西瓜汁等。具体做法是，将果肉切成小丁后倒入榨汁机中，榨汁机会自动将汁和渣分离，取汁非常方便。

2. 用擦板榨汁。可用擦板榨番茄、黄瓜等蔬菜汁。具体做法是：将盛放蔬菜汁的盛器放在擦板下，一手抓牢擦板，一手拿已切开的蔬菜，取大小合适的蔬菜在擦板上来回擦，就可以擦出蔬菜汁。

常见基础辅食轻松学

米糊

材料 大米 100 克。

做法

1 用搅拌机的干磨杯把干净无杂质的大米磨成粉。

2 汤锅置火上，倒入米粉和冷水大火煮开，转小火熬煮。

3 边煮边搅拌，煮至糊状，离火晾至温热后可加配方奶食用。

营养师说

刚开始给宝宝添加辅食应该一样一样地加，等宝宝适应了一种食物后，再添加新的品种。

苹果白菜柠檬汁

材料 白菜、苹果各 50 克，柠檬 10 克。

做法

1 所有可用食材清洗干净后，切小块。

2 将切好的食材块放入榨汁机中榨汁。

3 蔬果汁要按宝宝月龄加入不同比例的温水稀释。

营养师说

宝宝分别适应了各种蔬菜和水果后，可以将水果汁和蔬菜汁混合起来给宝宝食用。

肝泥

材料 鸡肝 30 克。

做法

1 将新鲜的鸡肝去净筋膜，用清水浸泡去血水，洗净，放入盘中。

2 蒸锅置火上，放入适量清水，放上蒸帘，放入鸡肝隔水蒸熟。

3 将蒸熟的鸡肝切成小块，放到研钵中，用杵棒捣成泥状，放入粥或面条中食用。

营养师说

前一天晚上要将鸡肝拿到冷藏室里解冻，第二天就可以用啦！

肉泥

材料 鸡胸肉 30 克。

做法

1 每次取 30 克的鸡胸肉，洗净。

2 汤锅置火上，放入洗净的肉，煮熟，肉汤留用。

3 将煮熟的肉切成小丁，放入研钵中捣成泥，加少量肉汤搅拌均匀即可。

营养师说

宝宝分别适应了肉食和蔬菜后，可在肉泥中加入蔬菜泥，这样能使宝宝身体吸收更全面的营养。

专家热线　辅食添加初期

鸡蛋黄为什么不是宝宝的第一辅食?

鸡蛋黄除了含铁外，还含有一些大分子蛋白质，因为它们不好消化，会使得宝宝消化系统出问题，易导致便秘等。

与蛋黄相比，水果泥或蔬菜泥的味道和形状都容易被宝宝接受。目前蛋黄已经不再是婴儿的第一辅食了，婴儿的营养米粉才是。因为其中所含营养成分比蛋黄多，出现过敏、便秘等不良反应的概率却比蛋黄小得多。

宝宝用牙床咀嚼会妨碍长牙吗?

宝宝出生 5~6 个月后，颌骨和牙龈已经有所发育，能够咀嚼半固体或软软的固体食物。宝宝乳牙长出来后，咀嚼能力会进一步增强，此时应适当增加食物的硬度，让其锻炼咀嚼能力，对牙齿和颌骨的正常发育有利。因此，专家认为，宝宝用牙床咀嚼食物，不但不会妨碍长牙，还能提高宝宝的咀嚼能力，促进其牙齿发育。

宝宝的辅食越碎越好吗?

宝宝的辅食不宜过分精细，且要随月龄的增长而变化，以促进宝宝的咀嚼能力和颌面部的发育。

4~7 个月的宝宝，辅食以糊状、泥状和半固体状为最佳。6 个月后可适当增加一些颗粒状食物。

8~12 个月的宝宝已经进入牙齿生长期，这时候可喂一些软烂面条、肉末蔬菜粥、烤面包片等，并逐渐增加食物的体积，由细变粗，由小变大，而不要一味地将食物剁碎、研磨。

宝宝 1 岁以后，软饭、饺子、馄饨、细加工的蔬菜和肉类都可以帮助他巩固咀嚼能力。宝宝可以用牙齿将粗、硬的食材咬磨细碎。

宝宝 2 岁以后，牙齿发育已经成型，食材的软硬、粗细程度基本上可以和成人一致了，但要避免调味过重。

圆白菜米糊

材料 大米 20 克，圆白菜 10 克。

做法

1 将大米洗净，浸泡 20 分钟，放入搅拌机中磨碎。

2 将圆白菜洗净，放入沸水中充分煮熟，用刀切碎。

3 将磨碎的大米倒入锅中，大火煮开，放入切碎的圆白菜，调小火煮开即可。

营养师说

圆白菜膳食纤维含量多，且质地硬，脾虚和腹泻的宝宝不宜多吃。

蛋黄泥

材料 鸡蛋 1 个。

做法

1 将鸡蛋放入锅中煮熟。

2 剥开鸡蛋，取蛋黄，再加适量温开水调匀成泥状即可。

营养师说

煮鸡蛋时要把握好时间，以免蛋黄表面发灰。嫩蛋黄最易于宝宝消化吸收。

玉米米糊

材料 大米 40 克，鲜玉米粒 30 克，绿豆 20 克，红枣 5 枚。

做法

1 绿豆淘洗干净，用清水浸泡 4~6 小时；大米淘洗干净；红枣洗净，去核，切碎；鲜玉米粒洗净。

2 将上述食材倒入全自动豆浆机中，加水至上、下水位线之间，煮至豆浆机提示米糊做好即可。

营养师说

用炒熟的花生米来做这道米糊，味道会更香浓。

糯米米糊

材料 大米 30 克，糯米 60 克。

做法

1 大米、糯米淘洗干净，用清水浸泡 2 小时。

2 将大米、糯米倒入全自动豆浆机中，加水至上、下水位线之间，煮至豆浆机提示米糊做好即可。

营养师说

这道米糊口感软糯、清香，能帮助宝宝健脾养胃。

菜花米糊

材料 大米 20 克，菜花 30 克。

做法

1 将大米洗净，浸泡 20 分钟，放入搅拌机中磨碎。

2 将菜花放入沸水中烫一下，去掉茎部，将花冠部分用刀切碎。

3 将磨碎的大米和适量水倒入锅中，大火煮开，放入菜花碎，转小火煮开。

4 用过滤网过滤，取汤糊喂食宝宝即可。

营养师说

菜花富含维生素 C，能促进人体吞噬细胞的吞噬作用，为宝宝的免疫系统构筑防线。

提高宝宝免疫力

见此图标 微信扫码 手把手教你养育 健康聪明好宝宝

第5章

7~8个月 辅食添加中期，添加蠕嚼型辅食

断奶中期宝宝的营养需求

7～8 个月的宝宝每天所需的热量为每千克体重 398～418 千焦，蛋白质的摄入量为每天每千克体重 1.5～3.0 克。7 个月的宝宝的主要营养源还是母乳或牛乳，添加辅食只是为了补充部分营养素的不足，培养宝宝吃乳类以外的辅食，为过渡到以饭菜为主的饮食做好准备。7 个月的宝宝摄入的脂肪占总热量的 50% 左右（半岁前都是如此），8 个月开始降为 40% 左右。减少的部分应该用碳水化合物来代替。

8 个月的宝宝面临着长牙和骨骼发育的关键期，这时候应该给宝宝补充维生素 D。但维生素 D 的摄入不能过量，否则宝宝可能会出现喉咙干渴、皮肤痒、想吐、腹泻等不适。长期大量服用的话，容易引起中毒。晒太阳是补充维生素 D 的重要方法，但宝宝的皮肤比较娇嫩，最好不要在阳光下停留过久。

每餐必备营养素

碳水化合物	蛋白质	维生素、矿物质	油脂
稀饭 50～80 克	乳制品 85～100 克	蔬菜、水果 25 克	2～2.5 克
	鱼 13～15 克		
	肉 10～15 克		
	蛋黄 1 个		

重点营养素关注 维生素 D

维生素 D 又称钙化醇，是一种脂溶性维生素，能够储存在宝宝的体内，不用每天补充。维生素 D 是宝宝发育中十分重要的“阳光维生素”。维生素 D 是唯一能在人体内自行合成的维生素，条件就是晒太阳。每天晒太阳 30 分钟，身体就能获得足量的维生素 D。

母乳与配方奶喂养指南

每天至少喂 3～4 次母乳

虽然宝宝吃辅食的量慢慢增多，但这时期还是应以母乳为主食。虽然授乳量会慢慢减少，但仍应保证每天至少授乳 3～4 次，总量达 500～600 毫升，要在吃完辅食后授乳，且不应在辅食和母乳之间有间隔，这是为了保证宝宝养成一天 3 顿饭的好习惯。

配方奶和辅食要合理安排

如果宝宝一次能喝 150～180 毫升的配方奶，就应该在早、中、晚让宝宝喝三次奶。然后在上午和下午各加两次辅食，再临时调配两次点心、果汁等。

如果宝宝一次只能喝 80～100 毫升的奶，那么一天就要喝 5～6 次配方奶，这样才能帮助宝宝吸收足量的蛋白质和脂肪。

喂养的方法可以根据宝宝吃奶和辅食的情况做调整。两次喂奶间隔和两次喂辅食间隔都不要短于 4 小时，喂奶与喂辅食间隔不要短于 2 小时，喂点心、水果与喂奶或辅食间隔不要短于 1 小时。应该是喂奶、辅食在前，喂点心、水果在后，也就是说，喂奶或辅食 1 小时之后才可以吃水果和点心。

人工喂养的宝宝，配方奶仍然很重要

人工喂养的宝宝可能比母乳喂养的宝宝更喜欢吃辅食。这时候，妈妈应该掌握辅食的量，即使是配方奶，对这个月的宝宝来说，营养价值也是超过米面食品的。因此，配方奶仍然是这个阶段宝宝营养的主要来源，不能完全用辅食来替代。即使宝宝非常爱吃辅食，每天也要保证喝 500 毫升以上的配方奶。

宝宝的配方奶不应过浓

在给宝宝冲泡配方奶时，最好按照包装上的说明来调配水和奶粉的比例，最好不要过浓，浓度过高会引起宝宝便秘。此外，也不应该额外加糖，因为配方奶中已经有适当比例的糖分，再添加糖容易影响锌的吸收，导致宝宝的消化功能紊乱，营养不能满足机体的需要，从而导致宝宝食欲减退，营养素吸收减少，抵抗力下降，这样就容易使宝宝生病。

辅食添加原则

扫码获取
- 婴儿护理
- 饮食喂养
- 科学早教
- 育儿贴士

让宝宝慢慢适应半固体食物

7 个月宝宝一定要添加辅食，使其慢慢适应吃半固体食物，让宝宝逐渐适应断奶。7 个月宝宝每天的喂奶量仍不变，分 4 次喂食。每天喂 2 次断奶食，如果宝宝每次吃的量增加，可以一天喂 3 次。喂辅食次数增加后宝宝如果不习惯的话，可以再改回每天吃 2 次，这样慢慢调整好适合宝宝的次数和量。

给宝宝喂辅食时应挑上午宝宝状态好的时间和下午妈妈吃饭的时间，而且要在喂奶前喂食。等宝宝习惯辅食的味道后，可逐渐用一餐辅食完全代替一餐母乳或配方奶。

辅食添加表

开始时间	出生 7 个月
宝宝的饮食习惯	开始闹着要自己拿勺子吃饭
优选食物	谷物：玉米、馒头片、面条 蔬菜：南瓜、土豆、菠菜、胡萝卜、西蓝花、洋葱 水果：香蕉、苹果、白梨 肉类：牛瘦肉、鸡胸肉 海鲜：鳕鱼肉、虾肉 其他：蛋黄、豆腐、海带末
制作要点	7 个月的宝宝如果突然厌食，可暂停哺乳并根据宝宝的情况来制作断奶辅食；宝宝 8 个月时，要在软的食材里逐渐增加稍硬的食材，锻炼宝宝的咀嚼能力
喂食次数&喂食量	上、下午各喂食一次辅食，可以上午 10 点喂一次，下午 6 点喂一次；每次喂 100 克半固体食物、30 克蔬菜汁

8 个月的宝宝每天可以只吃两次母乳，时间可安排在早晨 6：00 起床后和晚上 9：00 睡觉前。但必须保证让宝宝从辅食中获取至少 2/3 的营养，其余 1/3 的营养从母乳或配方奶中补充。这个月宝宝一天可以添加 3 次辅食，每次的量可以增加到 100 克。每天的辅食应包括五谷、蔬菜、水果、蛋、肉等。每次吃完辅食后，最好给宝宝喝 100~150 毫升的配方奶，而且全天总奶量不应少于 600 毫升。

食物种类应丰富多样

从断奶中期开始，妈妈们要让宝宝尝试不同的食物味道，宝宝的食谱应丰富多样，要注意合理搭配谷物、蔬菜、肉类、海鲜等食物，这样能让宝宝均衡地摄取营养。需要添加的辅食首先是以含蛋白质、维生素、矿物质为主要营养素的食物，包括蛋、肉、蔬菜、水果，这些食物有利于宝宝大脑的发育；其次，是碳水化合物。所以，妈妈们不能单单把喂了多少粥、面条、米粉作为添加辅食的标准。

通过吃肉来补充铁质

宝宝到 7 个月时，从母体中得到的铁质已经基本耗尽。此时最好通过摄取肉来补充体内的铁质。比较适合补铁的肉类有牛肉，所以最好将瘦肉捣碎后放到粥中喂食，更有助于宝宝消化吸收。

开始一天喂一次零食

到 8 个月时，宝宝可以熟练爬行，扶住某一种东西起立，他们的活动量会增加很多，因此应增加断奶食量来补充热量的需求。但一次消化较多的食物，对宝宝来说是个负担，增加次数才是关键。

这时期不应全依赖断奶食，还应一天喂 1~2 次零食来补充热量和营养。煮熟或蒸熟的天然材料是适合宝宝的最佳零食。饼干或饮料之类的食物热量和碳水化合物含量过高，宝宝不宜过多食用。所以，最好给宝宝喂食捣碎蒸熟的红薯、土豆、南瓜等。

饭菜肉蛋要分开

7~8 个月的宝宝就可以把粮食和肉、蛋、蔬菜分开吃了，这样能让宝宝品尝出不同食品的味道，增添吃饭的乐趣，增加食欲，也能为以后专注吃饭打下基础。

让宝宝自己吃饭

这个时期的宝宝，小臂肌肉很发达，能自己用手来吃东西了。可以将煮熟的蔬菜和水果放凉点，让宝宝自己用手拿着吃。这样不仅能促进宝宝手和大脑的协调性，还可以促进其小臂肌肉的发育。

为了防止宝宝身体产生不适，给宝宝食用的食物要充分煮熟。8 个月大的宝宝可以开始做拿勺的练习了。虽然拿勺子对宝宝来说比较难，但从现在就可以开始练习了。

添加的食材及烹饪要点

7 个月宝宝可以放心吃的食物

食材	喂养时间	营养及喂食须知	食用方法
玉米	出生 7 个月	富含维生素 E，能缓解宝宝的食欲缺乏。如果是容易过敏的宝宝，应该在 1 岁后开始喂食	玉米去皮、磨碎后食用。如果食用的是玉米罐头，最好用开水热一下再食用
鳕鱼	出生 7 个月	含丰富的蛋白质和钙，脂肪含量低，味道清淡	用煎锅易使鳕鱼粘锅或被弄碎，因此最好上锅蒸一下，去骨捣碎后喂食

8 个月宝宝可以放心吃的食物

食材	喂养时间	营养及喂食须知	食用方法
黄花鱼	出生 8 个月	富含蛋白质，容易消化吸收，但用盐腌渍过的黄花鱼要等到宝宝 1 岁后再开始食用	最好用蒸的方法，能减少对营养成分的破坏，蒸熟后，去骨，捣碎
海带	出生 8 个月	含促进新陈代谢的无机物，吸收率高，能帮助宝宝补碘	去掉表层的盐分，浸泡 1 小时，用刀切碎，再用搅拌机搅碎后食用
糙米	出生 8 个月可以开始少量喂食	含有的维生素 B_1 和维生素 E 是大米的 4 倍，维生素 B_2、脂肪、铁、磷是大米的 2 倍	提前浸泡 2~3 小时，用粉碎器磨碎食用

宝宝断奶中期辅食大小与软硬程度

宝宝到了 7 个月，就可以用舌头把食物推到上腭，再嚼碎了吃。所以，这个阶段最好给宝宝喂食一些带有质感的食物，食物不用磨碎，但要用刀切碎。

7 个月宝宝吃的食物的软硬度达到可以用手捏碎的程度，如豆腐的软硬度即可。大米也不用完全磨碎，磨碎一点儿就可以了，5 倍粥的黏稠度最为合适。

制作断奶餐一定要知道的烹调原则

食物现做现吃

尽可能给宝宝吃当餐制作的食物，尤其是在夏季，食物中如有细菌，在室温下放 2 小时细菌就会大量繁殖，宝宝吃了这种食物就会导致腹泻。

食物选料新鲜

蔬菜在买回来后应该先用清水冲洗表层的污物，避免有毒化学物质、细菌、寄生虫的危害。吃水果前，要先将水果浸泡 15 分钟，洗净消毒，尽可能去除农药。另外，不宜选择反季节的蔬菜和水果。

厨具和餐具要经常消毒

给宝宝制作辅食的厨具和餐具，使用后要及时清洗干净，而且最好不要同大人的混用。宝宝的餐具每周最好用洗碗机或用沸水消毒 1~2 次。

单独烹调

宝宝的断奶餐要求软烂、清淡，所以不要将宝宝所吃的断奶餐与成人食物混在一起制作，而要按宝宝辅食软硬度的要求来制作。

生熟食物要分开

切生熟食物的刀一定要分开。每次使用后都要彻底清洗并晾干。切食物的砧板一定要经常消毒，最好每次用之前先用开水烫一遍。

制作断奶餐的常用工具

给宝宝制作辅食的厨具虽然可以使用平时家里常用的器具，但还是建议准备宝宝专用的为好。这样不仅在使用上比较方便，还可以为妈妈们节省很多宝贵的时间。

计量杯 在测量汤水时使用，一般为200毫升制品，也有250毫升的。

计量匙 方便测量少量食材时使用，一般4～5个为一组，大匙为15毫升，1/2大匙为7.5毫升，1小匙为5毫升。

宝宝专用匙 选婴幼儿专用匙，不锈钢和塑料材质的都可以，要求匙入口部分短、圆且光滑，这样使用时比较安全。

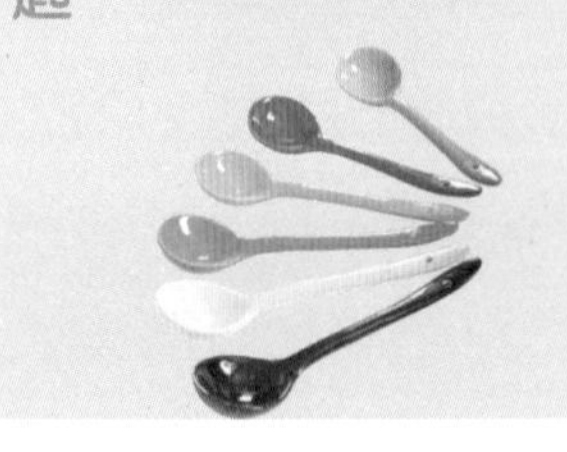

研钵和研棒 用来捣碎食材。

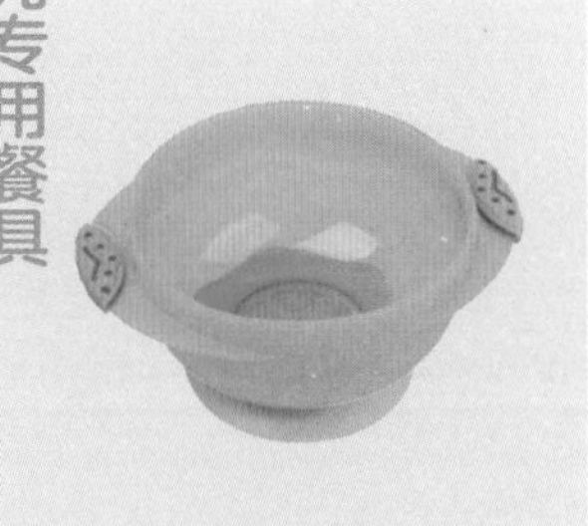

婴幼儿专用餐具 用来盛放辅食和喂食的餐具。

搅拌机 可用来把食材搅碎，又可拿来榨蔬果汁。

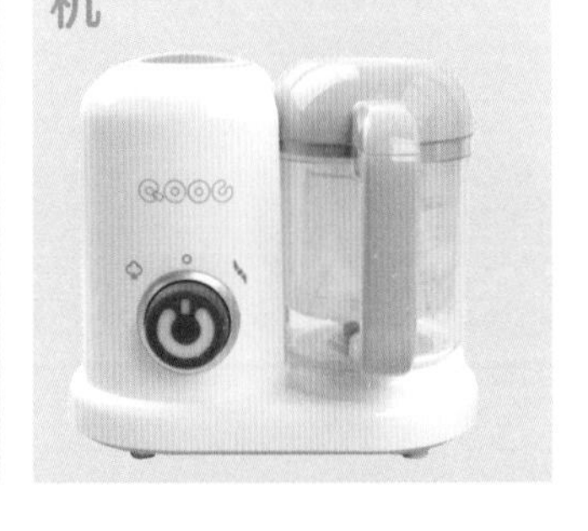

过滤筛 在榨汁和滤清汤水时使用。

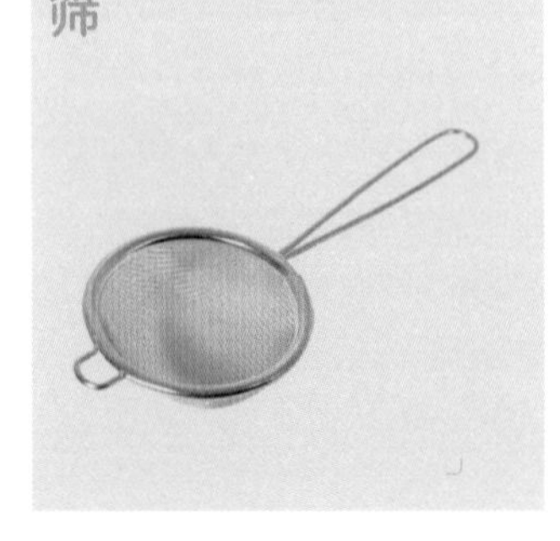

打蛋器 用来将鸡蛋液打散、制作辅食时进行混合稀释搅拌。

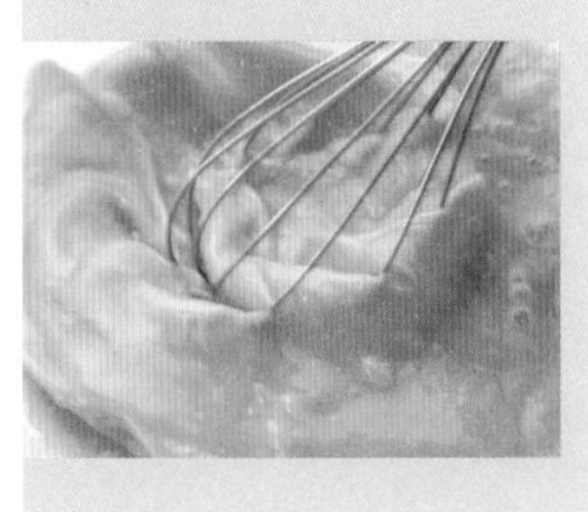

擦碎器 用来将蔬菜或水果擦成细丝、薄片或泥糊状。

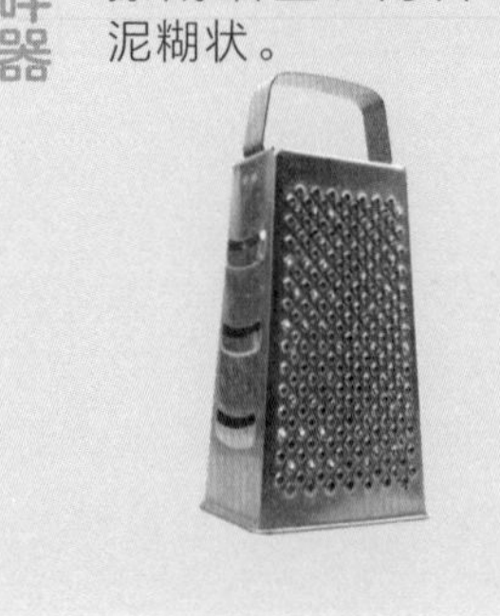

断奶食材冷冻储存要点

冷冻时间不要超过一个星期

冰箱不是保险箱，其中冷冻的食材，也不是永远都能完全保持口感和营养价值的。总体来说，冷冻保存的食品冷冻时间越长，口感和营养价值就越差。因此给宝宝做辅食的食材冷冻保存不要超过一个星期。

让食材急速冷冻

食材急速冷冻可最大限度地保存其口味和营养，这就要求食材的体积不能过大，比如肉类，可以切成片或剁成肉末，分装成每次的用量，食材体积小了就可以实现急速冷冻。食材解冻时要放在 15 ℃以下的空气中自然解冻，这样才不会改变食材的口味和营养。最好的解冻方法是放到冰箱的冷藏室内解冻。

贴上食材名称和冷冻日期

送进冰箱冷冻的食材很容易变干，因此可将食材放在保鲜盒或保鲜袋中存放，并在上面贴上食材名称和冷冻日期，这样妈妈们就不会忘记食材的冷冻时间了，就可以在食材新鲜的时候做给宝宝吃。

各类断奶食材的冷冻方法

主食

米饭、米粥、馒头等主食最好冷冻保存，因为主食即使在低温下也很容易变质。冷冻保存时宜装在密闭的盛器中，以免混入其他食材的味道。

蔬菜

蔬菜如果想冷冻保存，要将蔬菜用水焯熟后滤干水分，切成合适的大小，用保鲜膜包好放入冷冻室。然后在短时间内尽快吃完，因为存放 3 天后就会失去原有的味道并损失相当一部分营养。

肉类和海鲜

肉类和海鲜容易变质，买回来以后要立即冷冻。最好装在金属容器中冷冻。通常我们都会用塑料袋来盛装需要冷冻的肉类和海鲜，其实用塑料袋会影响冷冻速度。切成片的肉要一片片摊开来，便于急速冷冻。

专家热线

辅食添加中期

辅食添加中期可以给宝宝吃零食吗?

处于辅食添加中期的宝宝基本上都处于乳牙萌出的阶段，这时可以给宝宝吃些手指饼干等小零食，吃零食的时间最好上、下午各一次，但不能吃得太多，以20~30克为宜。因为有些宝宝偏胖，就是吃零食太多导致的。

鱼刺太多不好处理怎么办?

妈妈们在对鱼进行处理时，要先将鱼头和鱼尾去掉，再将鱼皮和鱼骨去掉，只留下鱼肉。把鱼肉蒸熟后，用纱布将鱼肉包裹紧，用小勺一点一点地刮下从纱布缝隙中挤出的鱼肉，这时即使还有鱼刺，透过纱布也很容易发现。

为宝宝制作辅食时需要注意什么?

鱼的体表经常会有寄生虫和致病菌，鱼腹腔内的膜，是有毒物质的淤积处。为宝宝做鱼时，要把鱼鳞刮净，去掉黑膜。此外，鸡、鸭、鹅的臀尖也会沉积有毒物质，烹制时要去掉。

辅食的适宜温度是多少?

宝宝对温度的感觉比大人更敏感，给宝宝喂食断奶辅食前，爸爸妈妈们一定要留意断奶辅食的温度，感觉不冷不热为好。

见此图标 微信扫码 手把手教你养育健康聪明好宝宝

芋头玉米泥

材料 芋头 50 克，玉米粒 50 克。

做法

1 芋头去皮，洗净，切成块状，煮熟。
2 玉米粒洗净，煮熟，然后放入搅拌器中，搅拌成玉米浆。
3 用勺子背面将熟芋头块压成泥状，倒入玉米浆，拌匀即可。

芋头玉米泥富含谷氨酸，能促进脑细胞代谢，有一定的健脑功能。

菠菜排骨面

材料 番茄1个，菠菜2根，豆腐50克，超细面条15根，排骨汤少许。

做法

1 将番茄洗净，用开水烫一下，去皮切碎；菠菜洗净，取菠菜叶切碎；豆腐洗净，切碎。

2 排骨汤放入锅中煮沸，倒入番茄碎、豆腐碎和菠菜碎，待汤略沸时，再加入面条，煮至面条熟透软烂即可。

营养师说

菠菜含有丰富的铁、钙和纤维物质，具有补铁、润肠的双重功效。

鸡蛋稠粥

材料 鸡蛋1个，大米50克。

做法

1 大米淘洗干净，加适量水大火煮开，转小火继续熬煮。

2 鸡蛋磕开，取蛋黄，打散备用。

3 在米粥熬到水少粥稠时，倒入蛋液，搅拌均匀即可。

营养师说

鸡蛋稠粥富含碳水化合物、卵磷脂等营养，能帮助宝宝补充能量，对大脑发育也有帮助。

第6章

9～10个月
辅食添加后期，
添加细嚼型辅食

宝宝营养需求

宝宝长到 9 个月时，乳牙大多已经萌出 4 颗，消化能力也比以前有所增强，母乳仍是现阶段重要的食物。虽然宝宝摄取食物的量越来越大，但是一天所需要的热量，仍有 1/3 来自乳类。此外，要适当增加辅食来满足宝宝的营养需求。

10 个月的宝宝营养需求可以参考上个月的。添加辅食时，要补充充足的维生素 C、蛋白质和矿物质。妈妈也要注意给宝宝多补充点 B 族维生素。

每餐必备营养素

碳水化合物	蛋白质	维生素、矿物质	油脂
稀饭 90~100 克	乳制品 100 克 鱼 15 克 肉 15 克 全蛋 1/2 个	蔬菜、水果 30~40 克	3 克

重点营养素关注 维生素 A

维生素 A 能促进宝宝骨骼和牙齿发育；能维护宝宝神经系统，使其不易受刺激；能帮助缓解宝宝的眼部不适，并对弱视和夜盲症有一定的疗效；能帮助宝宝成长，修补身体受损的组织，还能使宝宝的皮肤光滑柔嫩。因此，需要给宝宝及时补充。

在给宝宝补充维生素 A 时，可以搭配 B 族维生素、维生素 D、维生素 E、钙、磷和锌，效果更佳。在食用含维生素 A 或胡萝卜素的食物后 4 小时内，不要让宝宝做剧烈运动，也不能补充过量的铁，否则会影响宝宝对维生素 A 的吸收。

辅食添加原则

辅食摄入量

9 个月的宝宝辅食摄入量

9 个月的宝宝根据热量需求，一天要喂 3 次辅食，每次的量可以增加到 130 克。这时候的食物应更黏稠，为宝宝过渡到大颗粒饮食做准备。

10 个月的宝宝辅食摄入量

10 个月的宝宝需要通过断奶餐获取必要的营养，一般一次至少吃 100 克辅食，如果用原味酸奶杯是 1 杯左右，超过 1/2 婴儿食器的量。也有一次食用 150 克辅食的宝宝。

辅食添加表

开始时间	9 ~ 10 个月
宝宝的饮食习惯	开始有自己喜欢吃的食物，喜欢自己抓东西吃
优选食物	谷物：玉米、红豆 蔬菜：菠菜、南瓜、胡萝卜、白萝卜、豆芽、番茄、甜椒 水果：苹果、梨、橙子、香瓜 肉类：瘦牛肉、鸡胸肉 海鲜：鳕鱼肉、虾肉、蟹肉、蛤蜊肉、青鱼肉 其他：鸡蛋、豆腐、海带末、核桃仁
制作要点	食谱中最好能加上一些可以让宝宝自己拿着吃的食物，比如可以将蒸软的香蕉或胡萝卜切成条，让宝宝用手拿着吃。能训练宝宝将食物一口口咬成适合自己吞咽的大小
喂食次数&喂食量	每天可喂三次断奶餐，上午喂一次，下午喂两次；可每次喂 100 克半固体食物，喂 30 克蔬菜汁

辅食的种类可以多种多样

这个阶段，宝宝断奶辅食的进食量增加，因此，妈妈们要给宝宝制定营养全面而均衡的食谱。粥、面条、馄饨是富含碳水化合物的食物，新鲜的蔬菜和水果是富含维生素的食物，鸡肉、鸡蛋、鱼肉等是富含蛋白质的食物，妈妈们要注意将富含这三种营养素的食物搭配在一起给宝宝做辅食。

有的宝宝还能吃米饭和馒头等固体食物。只要宝宝能吃，也喜欢吃，是可以给他吃的。不过，米饭要做得软烂一点儿；肉制品必须做成肉末，至少也要剁得像肉馅那样。

宝宝不爱吃某种辅食有妙招

不爱吃蔬菜怎么办

对于不爱吃蔬菜的宝宝，要让他适当多吃些水果。这个时候宝宝已经能吃整个水果了，没有必要再将其榨成果汁或磨成果泥。需要将水果皮削掉，用勺子刮或切成小片、小块，让宝宝直接吃就可以。有的水果直接拿大块吃就行，如去子的西瓜、去核和络的橘子等。

不爱吃水果怎么办

宝宝不爱吃水果，可以让其多吃些蔬菜，尤其是富含维生素 C 的番茄等。

宝宝吃饭时，要避开容易分散宝宝注意力的事情，避免让宝宝边进食边做其他事情，给宝宝创造一个良好的进食环境。

多用语言赞美宝宝不愿吃的食物，并带头尝试，故意表现出这种食物很好吃的样子。

当宝宝对吃饭有了兴趣后，妈妈应该经常变换食物口味，能有效避免宝宝对某种食物产生排斥。

适时给宝宝添加蔬菜类的辅食，如蔬菜汁等。

添加的食材及烹饪要点

为宝宝选择最健康的食材

选择本地的有机农产品

可为宝宝优先选择本地的有机、无污染的农产品。因为本地产品不仅成熟度好，不需要长时间的运输，所以营养价值损失小，而且不需要用保鲜剂来进行防腐处理，是比较安全、健康的食物。爸爸妈妈们如果能为宝宝选择有机或绿色的水果、蔬菜当然是最好的，但也要根据自己的经济情况来定。

选择应季食材

爸爸妈妈们要多留心了解一下各种粮食、蔬菜、水果和海产品等食材分别是哪个季节生长成熟的，然后多给宝宝选择应季的食物。因为应季食材喷施的农药、化肥、激素等成分相对较少，相比于那些反季节食材更健康。比如正常应在 7 月份成熟的西瓜，就不要在春节的时候买给宝宝吃，要等西瓜大量上市的 7 月份再吃。

辅食大小与软硬程度

尝试接近稀饭黏稠度的粥

这个时候可以给宝宝喂食黏稠度达到倾斜勺子也不会滴落的粥，就是用大米和水以 1：3 的比例做成的 3 倍粥。大人吃的大米饭不适合喂宝宝。

适合香蕉硬度的食物

这个时候宝宝虽然长出不少牙齿，但咀嚼吞食方面还是有点困难。这时期的断奶食硬度应是用牙床咀嚼的硬度或能用手指压碎的香蕉瓣硬度的食物。这时期要避免坚硬的断奶食和零食，因为这些食物如果不咀嚼而直接吞咽有引起窒息的危险，爸爸妈妈们要特别注意。

材料要切碎后食用

这个时候可以正式进入咀嚼练习阶段了。大米可以不用磨碎直接食用，断奶食的各种材料也不用捣碎或绞碎了，直接切成 3～5 毫米的块状就可以了。

9~10 个月宝宝可以放心吃的食物

食材	喂养时间	营养及喂食须知	食用方法
绿豆	出生 9 个月	能帮助宝宝降温、润滑皮肤	用凉水浸泡一晚或煮熟后用筛子去皮，然后磨碎放入粥中食用。煮绿豆的汤也可以喂宝宝
豆腐	出生 9 个月	高蛋白、低脂肪，宝宝可以食用，但宝宝如果对豆制品过敏的话，最好到 1 岁后再喂食	用纱布滤干水分再食用，或捣碎和蔬菜混合搅拌后食用，也可在不放油的煎锅中煎熟后食用
番茄	出生 10 个月	含有丰富的钙质和维生素，容易引起便秘，不宜一次食用过多	去皮，捣碎，放入粥中煮熟，搅匀后食用
葡萄	出生 10 个月	含有丰富的维生素 B_6 和维生素 B_2，有益于宝宝的成长发育；葡萄丰富的铁质能预防宝宝贫血	葡萄去皮和籽后，捣碎给宝宝食用。3 岁之前的宝宝不能直接喂食葡萄粒，容易进入气道而引起窒息
鹌鹑蛋蛋黄	出生 10 个月	维生素 B_2 的含量是鸡蛋黄的 3 倍，蛋清应该在 1 岁后开始喂食。如果有过敏反应，应该在 1 岁后开始喂食	煮熟，分离出蛋清和蛋黄，煮熟的蛋黄磨碎后放在粥中喂食

专家热线　辅食添加后期

怎样做肉类食物容易让宝宝吞咽?

买肉时，妈妈可以挑选油脂比较多的部位，用绞肉机重复绞碎两次。烹煮时，先将碎肉加入少许淀粉及少许酱油调和去腥，然后用沸水煮熟，边煮边搅拌，以免碎肉黏成一团，之后可以加入稀饭一起烹煮。

怎么能知道宝宝是否消化了辅食?

宝宝吃了新添加的辅食后，大便会出现一些改变，如颜色变深、呈暗褐色，或可见到未消化的残菜等，不见得就是消化不良。因此，不需要马上停止添加辅食。只要宝宝的大便不稀，里面也没有黏液，就不会有什么大问题。但是如果添加辅食后宝宝出现腹泻或是大便里有较多的黏液，就要赶快停下来，待宝宝胃肠功能恢复正常后再从少量开始重新添加，并且要避开宝宝生病或天气太热的时候。

挑选市场上的婴儿辅食需要注意什么?

对于市场上的婴儿辅食，妈妈们需要特别注意食品添加剂问题。食品添加剂有健康的和不健康的两种，妈妈们要仔细检查食品标签中的说明文字。健康的食品添加剂有天然甜味剂，它包含蔗糖、葡萄糖，都是从天然植物中提取出来的，能让食品更加可口，但不会对宝宝的健康不利。

别家宝宝比自家宝宝吃得多，怎么办?

宝宝间有个体差异，所以说，只要宝宝的身高、体重在生长曲线范围内合理增加，爸爸妈妈们就不必纠结自家宝宝比别家的宝宝吃得多还是少。

辅食添加的阶段是宝宝从纯液体食物开始慢慢转向固体食物的适应阶段，也是宝宝肠胃逐渐调整、适应成人食物的阶段，因此让宝宝养成健康的饮食习惯才是辅食喂养的重点。

番茄鳕鱼泥

明目健脑

材料 番茄1个，鳕鱼100克。

做法

1 鳕鱼解冻，洗净，去皮去刺，用料理机打成泥；番茄洗净，去皮、蒂，用料理机打成泥。
2 平底锅放油烧热，倒入番茄泥翻炒均匀，再放入鳕鱼泥快速搅拌均匀，炒至鱼肉熟透。

营养师说

番茄中含有丰富的胡萝卜素及维生素，能为宝宝健康成长提供必不可少的营养。

葡萄汁

促消化
助力成长

材料 葡萄200克。

做法

1 葡萄洗净，放入榨汁机中，倒入温水。
2 葡萄汁榨好后用纱网过滤即可。

营养师说

葡萄味美多汁，可以起到开胃和助消化的作用。

第7章

11～12个月 辅食添加完成期，添加咀嚼型辅食

扫码获取
婴儿护理
饮食喂养
科学早教
育儿贴士

宝宝营养需求

11个月宝宝所需的热量仍然是每千克体重398～418千焦左右，蛋白质、脂肪、碳水化合物、矿物质、微量元素及维生素的量和比例没有太大的变化。蛋白质的来源主要靠辅食中的蛋、肉、水产、豆制品和奶类。脂肪的来源主要靠肉、奶、油。碳水化合物主要来源于粮食，维生素主要来源于蔬菜和水果，膳食纤维来源于蔬菜，矿物质和微量元素来源于多种多样的食物。爸爸妈妈不要认为宝宝又长了一个月，饭量就应该明显增加了，这容易导致父母总是认为宝宝吃得少，使劲喂宝宝。父母要学会科学喂养宝宝，不能“填鸭式”喂养。

每餐必备营养素

碳水化合物	蛋白质	维生素和矿物质	油脂
稀饭 90～100 克	乳制品 100 克 鱼 15～18 克 肉 18～20 克 全蛋 1/2～2/3 个	蔬菜、水果 40～50 克	4 克

重点营养素关注 碘、硒

宝宝11个月大时，妈妈就要为宝宝添加能促进大脑发育的碘了。

补碘应该在专家的指导下进行，如果有异常情况出现，应立即停止使用碘制剂，对出现的实际问题进行处理。

碘适合和胡萝卜素搭配食用。碘能促进人体甲状腺素的正常分泌，只有甲状腺素正常分泌时，人体内的胡萝卜素转化为维生素A、核糖体合成蛋白质、肠内糖类的吸收等活动才能顺利进行。

硒对宝宝的大脑发育也有益。从12个月开始，妈妈要开始注意为宝宝补充硒了。可以通过添加谷类、肉、水产类食材摄取硒。

辅食添加原则

基本可以吃常规食物

12 个月宝宝的咀嚼功能已经比较发达了，基本上可以和大人吃一样的食物，但不能直接喂咸、辣的菜。妈妈做菜时要加调料的话，可以先盛一部分出来单独给宝宝食用。另外，食物要做得碎而软一些，便于宝宝消化。宝宝每天的膳食中应含有蛋白质、碳水化合物、脂肪、维生素、矿物质等营养素，应避免食材种类单一，注意营养均衡。12 个月宝宝可以吃的主食有软米饭、粥、面条、面包、小花卷、饺子、包子等；辅食有各种应季蔬菜、蛋、水产、禽畜肉、豆制品等。除三餐外，早晚要各吃一次配方奶，每天保证给宝宝喂奶 400～600 毫升。

一日三餐辅食成为主食

如果宝宝已经适应了按时吃饭的习惯，那么现在是正式进入一日三餐按点吃饭的时期。从这个阶段起，要把断奶食作为主食。随着从断奶食中得到更多的营养，每次的量也增多，一次要吃两种以上的食物，要均衡地吃各种食物。妈妈在制作辅食时需要注意以下几点。

1. 一日三餐要有不同的食物

11 个月宝宝的一日三餐也得是各种不同的食物，这样能增加每餐的摄取量，也能充分摄取一天所需的各种营养。妈妈可以一次做好各种断奶食，保存在冷冻室或冷藏室，需要时拿出来喂；断奶食的食材也可以一次性处理好后放入密闭容器中保存，需要时拿出来使用。但不要存放时间太长，准备一天的量即可。

2. 避免食材重复或单一使用

妈妈们在给宝宝制作辅食时，应避免食材重复或单一使用，每天要变着花样烹调。比如，同样是富含碳水化合物的食物，妈妈们早餐可以做馄饨，午餐可以做花卷，晚餐可以做软饭。

3. 避开一些容易引起宝宝过敏的食材

12 个月宝宝可以喂的食材越来越多，但仍有很多 1 岁前不能喂食的食材。如 1 岁前喂蜂蜜，容易引起食物中毒。此外，橘子、鲜橙、蛋清、生牛奶、草莓、甲壳类等也是禁止喂的食物。给 1 岁前的宝宝喂食这些食物，容易引发严重的过敏反应，特别是过敏体质的宝宝。即使是有些不易致敏的食物也要慎重，如干果类在孩子吞咽时容易卡住，导致孩子窒息，1 岁前也不宜喂食。

添加的食材及烹饪要点

11～12 个月宝宝可以放心吃的食物

食材	喂养时间	营养及喂食须知	食用方法
红豆	出生 12 个月	肠胃功能较弱的宝宝，应在 1 岁以后再开始喂	宝宝很难消化红豆皮，一定要去除红豆皮再喂；南瓜中的糖能帮助消化，适合跟红豆搭配
猪肉	出生 12 个月	猪肉的油脂含量高，适合 1 岁以后喂。猪肉中含丰富的蛋白质、矿物质和维生素 B_1	可以将猪肉和捣碎的菠萝或洋葱一起食用，能帮助宝宝消化吸收
鸡肉	出生 12 个月	鸡肉比牛肉和猪肉含有更多蛋白质，能促进宝宝的肌肉和大脑的发育	12 个月后的宝宝可以吃鸡，但油脂多的鸡翅和鸡皮最好晚些时候再吃
甜椒	甜椒有股特殊的味道，应该在12个月以后喂食	甜椒中含有较多的维生素 C，能提高宝宝的免疫力	甜椒洗净，去蒂和籽，切成小丁放粥中煮熟，可以和鸡蛋黄搭配食用
面包	出生 12 个月	面包是用鸡蛋、麦粉、牛奶等容易引起过敏的材料制作的，1 岁以前最好不食；宝宝若为过敏体质，应向医生咨询	面包切除边缘，烤黄再喂，没有烤过的面包容易粘到上腭上，宝宝不容易吞咽

专家热线 辅食添加完成期

什么是食物过敏?

食物过敏是1岁以内的宝宝比较常见的小儿过敏性疾病的一种，主要症状是吃了易过敏的食物而发病。食物过敏一般有速发型过敏反应和缓发型过敏反应两种类型。

速发型过敏反应一般是吃了过敏食物2小时内出现呕吐、腹痛、腹泻等，还可能伴有发热，甚至呕血、便血、过敏性休克等。而缓发型过敏反应则是在吃了过敏性食物2天内出现荨麻疹、血尿、哮喘发作等。常见的容易引起过敏的食物有：鸡蛋、牛奶、花生、大豆、小麦、鱼、虾、鸡肉等蛋白质比较丰富的食物。

一般来说，第一种情况比较少见，但一旦发生，危险比较大；而第二种情况较为常见，如果一旦发现宝宝有食物过敏的情况，要尽快到医院就诊，及时采取相应的措施，暂时不要给宝宝喂食引起过敏反应的食物了。

代乳食物中只有鸡蛋或配方奶，能帮助宝宝补铁吗?

配方奶和鸡蛋不能帮助宝宝补铁，代乳食物中只有鸡蛋或配方奶是不够的。在这个阶段，妈妈需要多选择一些含铁丰富的代乳品。其中，蔬菜和谷类中含有的铁质要比动物蛋白质中含有的铁质难吸收，而动物蛋白质如鱼、鸡肉、猪肉、牛羊肉再加上维生素C，就能促进蔬菜和谷物中铁的吸收。因此，妈妈要注意选择有互补作用的食物来帮助宝宝补铁。

1岁以内的宝宝辅食不宜加盐吗?

是的。宝宝肾脏发育不完善，摄入盐太多会增加肾脏负担，对身体不利。一般认为，1岁以内的宝宝辅食中可以完全不加盐，母乳和配方奶粉中的钠盐就能满足需要了。如果辅食中一点儿盐不放，有的宝宝难以接受，会因食欲下降而影响其他营养成分的摄入。针对这样的情况，6个月以后的宝宝辅食可以加少许盐，稍有咸味就可以了。

什锦烩饭

材料 牛肉20克，胡萝卜半根，土豆、洋葱各半个，大米20克，熟鸡蛋黄1个。

调料 牛肉汤、盐各少许。

做法

1 牛肉洗净切碎；胡萝卜、土豆洗干净，去皮，切碎；熟蛋黄捣碎；洋葱洗净，切碎。

2 将大米、牛肉、胡萝卜、土豆、洋葱、牛肉汤、盐放入电饭锅焖熟后，加蛋黄搅拌即可。

营养师说

烩饭中含蛋白质、碳水化合物、膳食纤维，还含有对宝宝眼睛有益的胡萝卜素，对宝宝的健康很有益处。

鸡蓉汤

材料 鸡胸肉100克。

调料 鸡汤300克，香菜段少许。

做法

1 将鸡胸肉洗净，剁碎，剁成鸡肉蓉，放入碗中拌匀。

2 将鸡汤倒入锅中，大火烧开。

3 将调匀的鸡肉蓉慢慢倒入锅中，用勺子搅开，待煮开后，加入香菜段调味即可。

营养师说

鸡蓉汤富含蛋白质，能帮助提高宝宝的免疫力，让宝宝少生病。

第8章

1～2岁 牙齿初成期，软烂型食物让宝宝吃得香

1～2 岁宝宝营养需求

1～2 岁宝宝每天膳食总量表

种类	数量
粮食	100～150 克
油	10～15 克
蔬菜	50～100 克
鱼、肉、猪肝类	30～50 克
蛋	50 克（1 个）
豆制品	30 克
配方奶	150～500 毫升
水果	50～100 克

均衡摄取 5 种营养素

宝宝在 1～2 岁的时期内，骨骼和消化器官会快速发育，也是体重和身高增长的重要时期。因此，要注意通过科学饮食摄取碳水化合物、蛋白质、矿物质、维生素、脂肪这 5 种营养素，因此需要保证均衡的营养。宝宝辅食的制作原则是：通过主食摄取碳水化合物、蛋白质、矿物质，通过零食摄取维生素和脂肪。

直接吃大人的饭菜还过早

1 岁后的宝宝食谱应由饭、汤、菜组成，但不能直接喂大人的食物。宝宝

重点营养素关注　钙

1～2 岁宝宝对钙的需求量特别大，所以妈妈要及时为宝宝补钙。补钙时需要注意以下几点：

1. 菠菜等蔬菜中含有抑制钙吸收的草酸，所以，食用前要焯烫一下。另外，油脂类食品不能与补钙剂一起食用，不然会导致钙的流失。

2. 维生素 D 与钙同食，有利于钙的吸收。但要注意按每天规定的量来补充，不要过量，否则会引起中毒。目前最普遍的维生素 D 制剂就是鱼肝油。

的饭应比较软，汤应比较淡，菜应不油腻不刺激。妈妈单独做宝宝的汤和菜会比较麻烦，可以在做大人的菜时，在调味前留出宝宝吃的量。喂宝宝时，应先捣碎再喂，避免卡到宝宝的喉咙。

采用适宜的烹调方式

宝宝的膳食应该与成人的分开烹制，并选用适合的烹调方式和加工方法。要注意去除食材的皮、骨、刺、核等；花生等坚果类食材应该磨碎，制成泥糊状；烹调方式上应采用蒸、煮、炖等烹调方式，不宜采用油炸、烤、烙等方式。

1 岁后的宝宝可以适量食用添加了食盐、酱油等调味的食物，但是 15 个月前的宝宝最好喂清淡的食物。有的食材本身含有盐分和糖分，没必要再调味。

让宝宝自己吃饭

1 岁的宝宝自己吃饭的欲望很强，拿起勺子往嘴里放食物的动作也比较轻松。妈妈们不妨鼓励宝宝多练习使用餐具。不要总是担心宝宝吃不好，或者怕宝宝撒出食物收拾起来麻烦。应该鼓励宝宝尝试，提高宝宝吃饭的兴趣和自信。从只能吃几口，到慢慢重复多次，宝宝自己会摸索到独立吃饭的方法。从长远来看，这也是在为以后减轻照顾的负担。

用勺子

宝宝到了一定年龄，会喜欢抢勺子，这时候，妈妈可以自己拿一把勺子给他演示盛起食物喂到嘴里的过程，在宝宝自己吃的同时也要喂给他一些。别忘了用较重的不易掀翻的盘子或者底部带吸盘的碗。这个过程需要妈妈做好容忍宝宝吃得一塌糊涂的心理准备。从 1 岁开始就做这种练习，可以为以后宝宝用勺子打下基础。

用叉子

准备软硬度适中、容易被叉子叉到的食物，过软的食物容易碎，硬度可以参考煎豆腐。妈妈让宝宝一手握住叉，一手抓住盘子，这样会更加容易。

用杯子

最开始的时候，妈妈可以手持奶瓶，并让宝宝试着用手扶着，再逐渐放手。接着可以让宝宝逐渐脱离奶瓶，在爸爸妈妈的协助下用杯子喝水。宝宝所使用的杯子应该从鸭嘴式过渡到吸管式再到饮水训练式，从软口转换到硬口。最好选择厚实、不易碎的吸管杯或双把手水杯，妈妈先跟宝宝一起抓住把手，喂宝宝喝水，直到宝宝学会能随时自己喝水为止。

宝宝喂养指南

1 岁以上的宝宝开始长出臼齿，发育快的宝宝已经长尖牙了。长出臼齿后能正式咀嚼并吞咽食物，一日三餐都可以和爸爸妈妈一起上餐桌，也可以喝几百毫升的母乳或配方奶。

可以食用各种各样的食物

1 岁以后，就可以喂之前不敢喂的大部分食物了。之前因为怕引起过敏没敢喂的小柿子、草莓、贝类等，现在都可以开始加在宝宝的辅食中了。但要避免一次喂过多或每餐都喂。最好能从少量开始，确认消化和进食状态正常后，慢慢增加分量。这样较为安全。需要注意的是，宝宝如有过敏性皮炎或容易引起食物过敏的情况，最好在满 2 岁后再开始喂食。

喂碎软的食物

宝宝的消化功能还比较弱，即使能够熟练地吞咽食物，也不能急着让宝宝吃块状食物，因为很容易发生窒息的危险。水果可以切成厚 1 厘米以内的棒状，让宝宝拿着吃；像肉一样质地坚韧的食物，应切碎，菜及其他材料应充分做熟、做软再给宝宝吃；而一些滑而容易吞咽的食物应捣碎后再给宝宝食用。

停止授乳的宝宝要开始喂配方奶

1 岁以后，母乳已经不能完全满足宝宝生长的需要了。一日三餐可用配方奶代替母乳作为主食，这样能均衡满足宝宝身体所需的热量和营养素。

添加的食材及烹饪要点

1～2岁宝宝可以放心吃的食物

食材	喂养时间	营养及喂食须知	食用方法
面 食	1岁	面食是这一阶段宝宝的主食，可以从稀软面条开始喂。荞麦面食容易引起过敏，所以要等到宝宝2岁以后再开始喂食	应教会宝宝怎么吃面条，给宝宝把面条切成适当的长度，让宝宝仔细咀嚼后再咽下
牛 肉	1岁	含有丰富的铁，可以预防缺铁性贫血，还含有其他丰富的营养素，都是宝宝所需要的，2周岁前应经常喂	牛里脊可以用来做酱牛肉、牛排、炒牛肉，牛腿肉可以用来煮汤
猕猴桃	1岁	富含维生素、钙、钾等成分，可以补充大脑发育所需的营养，甜味浓的猕猴桃适合宝宝2岁前喂	常温保存，蒸熟后再喂
鸡胸肉	1岁	富含优质蛋白质、不饱和脂肪酸、B族维生素，及铁、锌等矿物质，可以增强宝宝的体力，提高免疫力，促进宝宝大脑发育	鸡胸肉可以切末后煲汤，也可以炒米饭吃，烹调时不宜放花椒、大料等味道浓郁的调料，否则会掩盖鸡肉的鲜味
茄 子	1岁	茄子肉质细腻，口感柔软，紫色外皮中含有丰富的花青素、烟酸，还含有葫芦碱、水苏碱等特殊的营养成分，适合宝宝食用	选择嫩茄子，用蒸的方法做给宝宝吃；烧茄子时如果需要用油炸，要先挂上浆，这样能减少烟酸的流失

专家热线

牙齿初成期

该给宝宝吃哪些零食呢？给多少合适呢？

给什么样的零食，给多少零食，应根据宝宝的现状来决定。如果宝宝一日三餐都能好好吃，体重也超过标准，就尽量不要给零食了，应给一些应季的水果。那些只知道吃成品乳制品，而不懂得咀嚼的宝宝，应该给予苹果、梨片，或者一些酥脆饼干吃。饭量小的孩子，可以吃苏打饼干来补充营养。不喜欢吃肉类的孩子，可以吃含牛奶、奶油、鸡蛋等食物。

如何给宝宝选择肉类食物？

一般来说，鱼肉和鸡肉的肉质细嫩一些，适合小乳牙还未完全长齐的宝宝咀嚼，在胃肠里的消化和吸收也较好。鱼肉、鸡肉虽好，但也不可偏食，还应为宝宝适当添加一些别的肉类，避免以后宝宝不吃其他肉类。因此，在刚开始为宝宝添加肉类辅食时可多准备一些鱼肉或鸡肉。随着宝宝的消化功能逐渐增强，可一点点添加猪肉或牛肉。

宝宝不爱吃蔬菜怎么办？

每天给宝宝提供 3~5 种蔬菜，并注意经常更换品种。如果宝宝仅仅拒绝 1~2 种蔬菜，可以试试换同类蔬菜，如不爱吃丝瓜可以改为黄瓜，不爱吃菠菜可以改为油菜等。还可以有意识地让宝宝品尝各种时令蔬菜。

宝宝的菜应该做得比大人的细一些，碎一些，同时要注意搭配，做到色香味俱全。炒菜前可以把青菜用水焯一下，去掉涩味。一些味道比较特别的蔬菜，如茴香、胡萝卜、韭菜等，如果宝宝不喜欢吃，可以尽量变些花样，例如将这些菜放入馅里，让宝宝慢慢适应。

什锦烩面

材料 香菇1朵，虾仁3个，胡萝卜、黄瓜、玉米粒各10克，手擀面50克。

调料 姜末、生抽、植物油各适量。

做法

1 香菇洗净，切丁；胡萝卜、黄瓜分别洗净，去皮，切丁；虾仁洗净去虾线；玉米粒洗净。

2 锅内倒植物油烧热，放入姜末炒香，放入香菇丁、胡萝卜丁、黄瓜丁、虾仁和玉米粒翻炒至断生，加适量水煮开，放入手擀面，加生抽，煮熟即可。

营养师说

什锦烩面最大的特色是同时把多种时蔬搭配起来，做到营养均衡。

海带黄瓜饭

材料 大米40克，海带10克，黄瓜20克。

做法

1 海带用水浸泡10分钟后捞出来，切成7毫米大小的片。

2 黄瓜去皮后切成7毫米大小的块。

3 把泡好的大米和1000毫升水倒入锅里，将米煮烂，然后放入海带和黄瓜，用小火煮熟即可。

营养师说

海带黄瓜饭含有维生素C、碘、膳食纤维等，能促进宝宝大脑发育、助消化。

爱心饭卷

材料 米饭100克，干紫菜10克，火腿1根，黄瓜100克，鳗鱼80克。

调料 盐、植物油适量。

做法

1 火腿和黄瓜分别切成方形的小条，过开水烫熟后用盐、油入味；鳗鱼切片后调味。

2 保鲜膜平铺开，均匀地铺上一层米饭，压紧，再铺上一层紫菜，摆上火腿、黄瓜、鳗鱼，将保鲜膜慢慢卷起，卷的时候要捏紧。

3 用保鲜膜包住后冷冻，食用前取出切块加热即可。

营养师说

此饭卷材料丰富，宝宝食用后具有多重功效，可以预防贫血、增强记忆力、促进生长发育。

预防贫血
增强记忆力

见此图标 微信扫码 手把手教你养育 健康聪明好宝宝

第9章

2~3岁
牙齿成熟期，全面型食物让宝宝营养均衡

2～3 岁宝宝营养需求

2～3 岁宝宝每天膳食总量表

种类	数量
粮食	150～250 克
油	10～15 克
蔬菜	150～200 克
肉类	85～105 克
蛋	50 克（1 个）
豆制品	50 克
配方奶	250～400 毫升
水果	50～100 克

重点营养素关注 铜、锌

宝宝只要摄取了足量的精制的谷类、新鲜的绿色蔬菜、动物性食品，就不用担心缺铜。但不要摄入过多的铜，否则会妨碍宝宝对锌的吸收，引起宝宝失眠、反应迟钝、肝脏及肾脏受损等问题，严重的还会导致宝宝智力低下。

母乳喂养的宝宝一般不用特别补锌。但配方奶喂养的宝宝则应该尽早添加富含锌元素的辅食。

宝宝喂养指南

扫码获取
婴儿护理
饮食喂养
科学早教
育儿贴士

宝宝的食物要多样化

这么大的宝宝已经完成了从液体食物向固体食物的过渡，为宝宝配制膳食，可以选择更加丰富多样的食材。宝宝每天的进餐次数仍然为 5 次，每次的进食量适当增多；同时，爸爸妈妈要有意识地让宝宝接触粗纤维食物，最好再喝点配方奶。

饮食要清淡

虽然宝宝现在可以吃大人的饭菜，但是最好不要喂咸、辣的饭菜，以免宝宝习惯重口味的食物。像腌菜之类的长期用盐水腌制的食物，很难去掉咸味，不要用水涮一涮就给宝宝吃。

可以跟大人吃相似的食物

为了宝宝身体的均衡发展，应通过一日三餐和零食来均衡、充分地使宝宝摄取饭、菜、水果、肉、配方奶等五类食物。可以跟大人吃相似的食物，但是要避开质韧的食物，一般食物也要切成适当大小并熟透再喂。不要给宝宝吃刺激性食物。有过敏症状的宝宝还要特别注意慎食那些容易引起过敏的食物。

宝宝的进餐教养

教养的意义，就是培养宝宝在生活上自立和独自处理事情的能力。而进餐教养是生活中不可或缺的一个方面。

当宝宝开始不需要接受别人的帮助而能够自行用奶瓶喝奶的时候，妈妈就可以正确引导其如何进餐了。

在进餐的前后，要擦净宝宝的双手和脸部。在宝宝开始进餐前，妈妈要大声说：开饭了！

用餐时，应该培养宝宝自己进食的能力，并且这个时候要集中注意力，暂停其他活动。如果宝宝边吃边玩，爸爸妈妈要阻止，并马上收走餐具。爸爸妈妈自己也要以身作则，不要在宝宝吃饭的时候进行思想教育，这样会使宝宝产生不良情绪，导致消化功能紊乱，久而久之，会出现厌食和消化不良的现象，进而引起营养不良和消化道疾病。

练习使用筷子

满 2 岁的宝宝可以开始练习使用筷子了，刚开始时最好用宝宝专用的矫正筷。爸爸妈妈可先让宝宝用筷子夹爆米花这样很轻又有沟槽，比较容易夹起来的东西，增强宝宝使用筷子的信心。

让宝宝乖乖吃饭的方法

1. 要把食物做得花样多变、色彩鲜明，这样才会引起宝宝的食欲。

2. 不要给宝宝过冷或过热的食物，因为宝宝对食物的滋味和冷热很敏感，会害怕尝试。

3. 最好把食物用刀切成规则的形状，便于宝宝取食，避免宝宝因食物的形状奇特而不敢尝试。

2 ~ 3 岁宝宝可以放心吃的食物

种类	食材
谷类及其制品	大米、高粱、黏小米、玉米、面包、大麦、糙米、小麦面、荞麦面、凉粉、粉条、麦粉
薯类	土豆、红薯、芋头等
水产类	黄花鱼、鳕鱼、鲅鱼、螃蟹、鱿鱼、干贝肉、虾
肉类	牛肉、鸡胸肉、猪肉
豆类	各种豆、豆腐、豆腐脑
蛋类	鸡蛋、鹌鹑蛋
蔬菜类	黄瓜、南瓜、萝卜、西蓝花、菜花、卷心菜、洋葱、油菜、白菜、香菇、金针菇、茄子、黄豆芽、甜椒、韭菜等
水果类	苹果、香蕉、梨、香瓜、西瓜、哈密瓜、葡萄、桃、柠檬、橙子、猕猴桃等
菌藻类	海带、紫菜等
奶类及其制品	母乳、奶粉、牛奶、酸奶、奶酪等
油脂类	香油、橄榄油、黄油等

注：3 岁之前宝宝的消化器官尚未完全发育成熟，容易过敏。虽然随着月龄增加，宝宝对食物的过敏反应会渐渐减少，但仍然有过敏的可能，需要爸爸妈妈们注意。

专家热线 牙齿成熟期

给宝宝喂食豆浆有哪些禁忌?

不能加红糖：红糖中含有机酸，会和豆浆中的蛋白质结合，产生变性的沉淀物，这种沉淀物对宝宝的健康不利。

不能喂食过多：宝宝食用过多的豆浆容易引起蛋白质消化不良，使宝宝出现腹胀、腹泻等不适症状。

怎样安排宝宝的早餐?

宝宝的早餐极其重要，一定要吃好。

1. 主食应该食用谷类食物。如馒头、包子、面条、烤饼、面包、蛋糕、饼干、粥等，要注意粗细搭配、干稀搭配。
2. 荤素搭配。早餐应该包括奶、奶制品、蛋、肉或大豆及豆制品，还应安排一定量的蔬菜。
3. 牛奶加鸡蛋不是理想早餐。牛奶和鸡蛋都富含蛋白质，两者搭配易导致宝宝碳水化合物摄入量较少。建议妈妈在给宝宝准备牛奶加鸡蛋的早餐时，加馒头、面包、饼干等食物，这样才能保证营养均衡。

2 岁的宝宝还需要每天喝奶吗?

喜欢喝奶的宝宝可以在加餐的时候喝 200 毫升奶，一般每天可以喝 500~600 毫升。反之，不喜欢喝奶的宝宝，超过 2 岁就可以完全不喝奶了。宝宝平时多吃一些肉、蛋清等动物性蛋白，就不会出现营养不良的状况。如果不喜欢吃鱼、肉、蛋，而每天能喝上 800 毫升牛奶，也可以满足动物性蛋白的需要。但我们还是建议每天至少喝 200 毫升牛奶，并坚持喝下去。

均衡
营养

海苔卷

材料 米饭 100 克，菠菜 20 克，柴鱼片 10 克，三文鱼 10 克，黄瓜 10 克，紫菜（干）5 克。

调料 酱油少许。

做法

1 菠菜煮过后，挤干水分，备用；酱油和柴鱼片拌匀；三文鱼用酱油拌匀；小黄瓜切成细长条。

2 将切成适当大小的紫菜分成两半，放上一半量的米饭，分别放入制好的材料，再将紫菜卷紧，切成容易食用的大小即可。

营养师说

海苔中含有丰富的维生素 A、B 族维生素，增加营养，促进宝宝发育。

增强
食欲

五彩饭团

材料 米饭 200 克，鸡蛋 1 个，火腿、胡萝卜、海苔各适量。

做法

1 米饭分成 4 份，搓成圆球。

2 鸡蛋煮熟，取蛋黄切成末；火腿、海苔切末；胡萝卜洗净，去皮，切丝后焯熟，捞出后切细末。

3 在饭团外面分别粘蛋黄末、火腿末、胡萝卜末、海苔末即可。

营养师说

五彩饭团富含蛋白质、胡萝卜素等营养成分，能提振宝宝食欲，提高免疫力。

做宝宝最好的食疗保健师

第1章

用家常食材
做出美味营养餐

五谷杂粮类

小米

呵护宝宝的小脾胃

功　　效　促进宝宝的智力发育

有效成分　维生素 B_1 和维生素 B_2 含量高于大米，含有较多的色氨酸和蛋氨酸

热　　量　1511 千焦 /100 克可食部

注：食材热量数据统一参考《中国食物成分表：标准版》（第 6 版），后同不标。

挑选食材有妙招

好的小米色泽光润，呈乳黄色、黄色或金黄色，颗粒大小均匀，很少有碎米，无虫，无杂质，无灰尘，稍微带点米糠，闻上去有清香味，无霉味、异味，尝起来微甜，流散性、干燥性强。抓一把，就可以像沙子一样流下来。

旧米颜色发灰，米粒散碎，潮湿且有霉味；呈明亮的焦黄色。用手抓感觉到有些发油发黏的，则多数是染色米。

Tips

给宝宝煮小米粥的时候不宜放碱，否则会破坏小米中的 B 族维生素。

新手妈咪 DIY　5 倍小米粥与大人米饭一锅出

宝宝出生后 6 个月适合吃 5 倍粥。给宝宝做的粥可以与大人的米饭一锅出，这样不但节省烹调时间，而且非常简单好学，每天和大人吃的米饭一起做就可以了，饭好了，粥也好了！

具体做法：先将大人吃的米淘洗干净后倒入锅中，添好水，再把宝宝的煮粥杯放在锅中央，把米向四周拨，杯紧贴锅底，杯内米与水的比例是 1∶5。饭好了，粥也好了，大人孩子就可以一起吃了。如果宝宝的喉咙较为敏感，可把稀粥压烂后再喂给宝宝吃。

妈妈必知的红黑名单搭配

如果在小米粥中另外添加一些食材，就可以让宝宝吸收更多的营养。不过，不是所有的食材都适合与小米粥同食，妈妈们要注意啦。

扫码获取

- 婴儿护理
- 饮食喂养
- 科学早教
- 育儿贴士

红名单

桑葚

二者搭配食用可增强对心脑血管的保护功效

鸡蛋

小米和鸡蛋一起食用有补脾胃、益气血、活血脉的功效

红糖

二者搭配食用，可以健脾胃、补虚损、排除瘀血

桂圆

小米和桂圆煮粥食用，有益丹田、补虚损、开肠胃之功效

粳米

小米和粳米一起食用，营养价值更高

黄豆

小米和黄豆一起食用，可提高蛋白质的吸收利用率

黑名单

杏仁

小米和杏仁一起食用易使宝宝呕吐、腹泻

小麦

小麦不宜和小米一起食用，因为二者皆是凉性食物，一起吃对宝宝的脾胃不好

营养食谱推荐

鸡肝小米粥

材料 鸡肝、小米各 100 克。

调料 香葱末、盐各适量。

做法

1 鸡肝洗净，切碎；小米淘洗干净，二者一同入锅煮粥。

2 粥煮熟之后，用盐调味，再撒上些香葱末即可。

营养师说

鸡肝中含有丰富的维生素 A，可促进宝宝的视力发育。

小米黄豆面煎饼

材料 小米面 200 克，黄豆面 40 克，干酵母 3 克。

调料 植物油适量。

做法

1 将小米面、黄豆面和干酵母放入面盆中，用筷子将盆内材料混合均匀，倒入温水搅拌成均匀无颗粒的糊状。

2 加盖醒发 4 小时，将发酵好的面糊再次搅拌均匀。

3 锅内倒植物油烧至四成热，用汤勺舀入面糊，使其自然形成圆饼状。

4 开小火，将饼煎至两面金黄即可。

玉米

护眼明目、增强记忆

功　效　补钙、促进视力发育、增强记忆力、增强抵抗力

有效成分　玉米中的维生素含量是稻米、小麦等谷物的5~10倍。此外，100克黄玉米含14毫克钙。

热　量　469千焦/100克可食部

挑选食材有妙招

嫩的玉米粒颜色金黄，表面光亮，颗粒整齐、饱满。用指甲轻轻掐，能够溅出水来。

老的玉米粒表面无光，颗粒排列不整齐，颗粒表面凹凸不平，干瘪塌陷。

Tips

在做玉米的时候加点小苏打能使其中的烟酸释放出来，被人体充分利用。

新手妈咪DIY　用玉米煮出营养好喝的7倍粥

7倍粥细滑、软烂，容易吞咽，非常适合1岁以内的宝宝食用。7倍粥不仅可以直接喂给宝宝吃，还可以当主料或辅料用于制作其他辅食。所谓7倍粥，就是米与水的比例是1∶7，比如使用了50克的米，那煮粥时就应加入350克的水。

具体做法：取50克玉米淘洗干净，倒入锅中，加350克清水用中火煮沸，转小火熬煮40分钟，将粥中的玉米盛入研钵内，用杵棒捣烂后再放回煮粥的原汤中搅拌均匀即可。

妈妈必知的红黑名单搭配

如果在玉米中另外添加一些食材，就可以让宝宝吸收更多的营养。不过，不是所有的食材都适合与玉米同食，妈妈们要注意啦。

红名单

草莓

玉米中含有蛋白质，与富含维生素C的草莓同食，可防生成黑斑和雀斑

松子

辅助治疗脾肺气虚、干咳少痰、皮肤干燥等病症

黄豆

玉米搭配黄豆食用，有利于宝宝对蛋白质的吸收和利用

洋葱

玉米和洋葱搭配食用，具有生津止渴的功效

鸡蛋

玉米和鸡蛋一起食用，可以预防宝宝变得肥胖

豆腐

玉米和豆腐一起食用，可以促进赖氨酸、硫氨酸的吸收利用

黑名单

田螺

田螺和玉米不能搭配食用，易致宝宝中毒

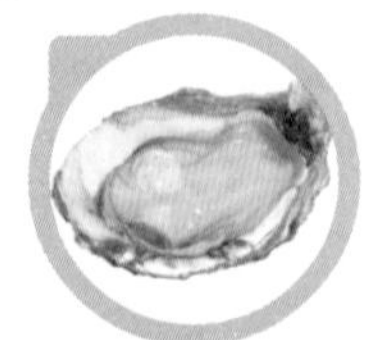

牡蛎

玉米不能与牡蛎一起食用，会影响牡蛎中锌的吸收

营养食谱推荐

番茄枸杞玉米羹

促进生长发育

材料 玉米粒 200 克，番茄 50 克，枸杞子 10 克，鸡蛋 1 个（取蛋清）。

调料 盐 4 克，香油、水淀粉、番茄高汤各适量。

做法

1 玉米粒洗净；番茄洗净、去蒂、切块；枸杞子洗净；鸡蛋清打匀。

2 汤锅置火上，放入番茄高汤，倒入玉米粒煮开，转中小火煮 5 分钟，放入番茄块、枸杞子后把汤烧开，用水淀粉勾芡，加入鸡蛋清搅匀，加盐，淋入香油即可。

营养师说

这道羹含玉米黄素、番茄红素、维生素 C 等营养物质，能促进宝宝健康成长。

玉米面发糕

增强宝宝记忆力

材料 面粉 35 克，玉米面 15 克，红枣 7 颗，酵母适量。

做法

1 酵母用 35 ℃的温水溶化调匀。

2 面粉和玉米面倒入盆中，慢慢地加酵母水和适量清水搅拌成面糊。

3 面糊醒发 30 分钟，将红枣散放在面糊上面。

4 送入烧沸的蒸锅蒸 15~20 分钟，取出，切块食用。

营养师说

玉米面发糕含有玉米黄素、膳食纤维、维生素 C 等营养物质，有利于提高宝宝的记忆力，促消化。

黑芝麻

宝宝的天然护肤品

功　　效 加速新陈代谢、预防贫血、增强免疫力、乌发养发

有效成分 芝麻的含钙量比蔬菜和豆类都高，每100克芝麻含钙量约为870毫克。芝麻富含油脂，能润肠通便，调理宝宝便秘。

热　　量 2340千焦/100克可食部

挑选食材有妙招

优质芝麻籽粒大而饱满，颜色鲜亮，皮薄，没有泥沙、碎粒，闻起来有纯正的香气。

劣质的芝麻籽粒大小不一，颜色暗淡，其中还会有碎粒等杂质。

芝麻有黑白之分，从营养科学看，黑芝麻、白芝麻都是营养丰富的食物。

Tips

因为黑芝麻外面包裹的硬膜中含有较多的营养素，因此宜将黑芝麻整粒碾碎后给宝宝烹饪食用，这样所含营养会得到充分利用。

新手妈咪DIY 自制宝宝易吸收的黑芝麻糊

黑芝麻糊味道香浓又有营养，很适合宝宝食用，但市售的很多黑芝麻糊在加工过程中，或多或少都会加一些添加剂，而且大都是按成人的生理特点设计生产的，并不完全适合宝宝。妈妈们可以在家自制黑芝麻糊，不但方便，而且安全又卫生！只要家里有一台带制作米糊功能的豆浆机就能轻松搞定！

具体做法：取50克糯米淘洗干净，用清水浸泡2小时，与150克炒熟的黑芝麻一同倒入豆浆机中，加入500毫升清水，按下“制作米糊”键，约20分钟，黑芝麻糊就做好了！

妈妈必知的红黑名单搭配

如果在芝麻中另外添加一些食材，就可以让宝宝吸收更多的营养。不过，不是所有的食材都适合与芝麻同食，妈妈们要注意啦。

牛奶

芝麻和牛奶搭配食用，可以促进蛋白质吸收

核桃

芝麻和核桃搭配食用，可以促进宝宝大脑发育

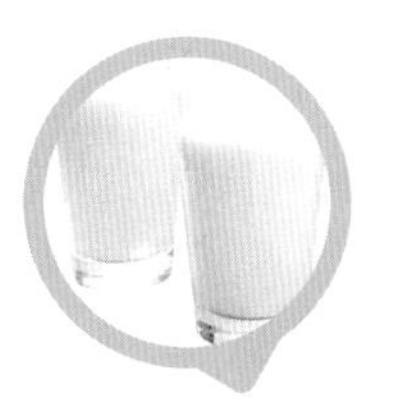

冰糖

芝麻和冰糖搭配食用，具有润肺、生津的功效

山药

芝麻和山药搭配食用，能增强补钙效果

红名单

黑名单

乌梅

芝麻和乌梅搭配食用，具有补肝肾、敛肺止咳的功效

红枣

芝麻和红枣搭配食用，具有补铁补血的功效

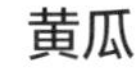

巧克力

芝麻不宜和巧克力搭配食用，会影响宝宝的消化、吸收

黄瓜

芝麻不宜和黄瓜搭配食用，容易引起宝宝腹泻

营养食谱推荐

黑芝麻木瓜粥

材料 黑芝麻 20 克，大米 100 克，木瓜 50 克。

调料 冰糖适量。

做法

1 大米和黑芝麻分别除杂、洗净；木瓜去皮、洗净、切丁。

2 大米放入锅内，加水煲 25 分钟。

3 加入木瓜块、冰糖、黑芝麻，炖 15 分钟即可。

营养师说

这道粥含有多不饱和脂肪酸、维生素 E、膳食纤维、钙等，有补钙强体、健脑益智的作用。

黑芝麻核桃粥

材料 黑芝麻 30 克，核桃仁 10 粒，大米 60 克。

调料 白糖 5 克。

做法

1 将核桃仁洗净，切碎；大米洗净后用水泡 30 分钟，使其软化易煮。

2 将核桃仁碎、黑芝麻连同泡好的大米一起入锅煮至熟烂，出锅加入白糖调味即可。

营养师说

黑芝麻核桃粥含有多不饱和脂肪酸、锌等，可促进宝宝的智力发育。

红薯

宝宝肠道的天然“疏通剂”

功　效　促进发育、提高免疫力、保护心血管

有效成分　红薯富含膳食纤维，能预防和调理宝宝便秘；含有一种胶原黏液，有利于保护心血管；还含有一种叫作“脱氢表雄酮”的物质，具有抗癌作用。

热　量　444 千焦 /100 克可食部

挑选食材有妙招

质量好的红薯表面干净、光滑，形状较规则，质地坚硬。

劣质的红薯表面会有坑，不平整，形状不规整，摸起来会有些软。

Tips

红薯适宜与米、面搭配烹调，这样可减轻食入红薯后出现的胀肚或排气感。

新手妈咪 DIY　用红薯自制放心的食物磨牙棒

宝宝 6 个月左右时乳牙开始萌出，牙床变得痒痒的，很喜欢乱咬东西，进入“磨牙期”。市面上所卖的牙咬胶，除了要反复消毒，使用时间长了还易释放出有害物质。自制的食物磨牙棒做法简单，天然无污染，成本低，宝宝用来磨牙的时候还能吃到一部分食物，会很有成就感！我们推荐的食物磨牙棒其实就是红薯干。

具体做法：红薯洗净，蒸熟，取出，加适量面粉和清水揉成光滑的面团，醒发好，再次揉匀，擀成长方形，切长条，放入预热的烤箱中，烤制 30 分钟取出，晾凉即可。

妈妈必知的红黑名单搭配

如果在红薯中另外添加一些食材，就可以让宝宝吸收更多的营养。不过，不是所有的食材都适合与红薯同食，妈妈们要注意啦。

莲子

红薯和莲子搭配食用，具有润肠通便的功效

排骨

红薯和排骨搭配食用，可去油腻，补充膳食纤维

牛奶

红薯和牛奶搭配食用，可以强心护肝

肉类

红薯和肉类搭配食用，可以保持宝宝体内酸碱平衡

玉米面

红薯和玉米面搭配食用，有助于消化

大米

红薯和大米搭配食用，可以健脾养胃

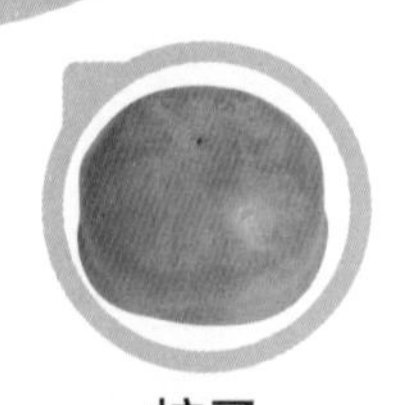

番茄

红薯不宜和番茄搭配食用，会形成结石，引起呕吐不适

柿子

红薯和柿子同食易得结石，严重时可使肠胃出血或造成胃溃疡

营养食谱推荐

香蕉泥拌红薯

材料 红薯 80 克，香蕉 30 克，原味酸奶半杯。

做法

1 红薯洗净，加适量清水煮熟，去皮，切成小方块；香蕉用勺子压成泥。

2 将香蕉泥和原味酸奶拌匀，红薯块盛在盘中，倒上香蕉泥拌匀即可。

营养师说

红薯、香蕉与酸奶三者搭配给宝宝食用，可以促进宝宝的食欲，并能为宝宝的大脑发育提供能量。

红薯鸡蛋饼

材料 红薯 100 克，鸡蛋 1 个，面粉 20 克。

调料 植物油适量。

做法

1 红薯去皮，洗净，切丁；鸡蛋打散，加入面粉和适量清水，搅拌均匀制成面糊，把红薯丁加进面糊里。

2 平底锅加热，刷上一层植物油，待油烧至五成热时，倒进面糊，小火煎至两面金黄即可。

营养师说

红薯和鸡蛋一起给宝宝食用，可促进宝宝消化，同时增强宝宝食欲。

蔬菜水果类

胡萝卜

吃出宝宝红润小皮肤

功　　效　预防传染病、提高免疫力、促进生长发育、保护眼睛

有效成分　胡萝卜中 β－胡萝卜素的含量高，它能在小肠黏膜和肝脏 β－胡萝卜素酶的作用下转化成维生素 A，从而促进宝宝生长发育，保护眼睛，抵抗传染病。

热　　量　162 千焦 /100 克可食部

挑选食材有妙招

质量好的胡萝卜根部粗大，颜色鲜亮，摸起来硬实，质地脆嫩，外形上很完整，没有裂口、虫眼。

质量差的胡萝卜颜色不鲜艳，摸起来有些软，重量比较轻，外表有裂口、伤痕或者虫眼。

Tips

胡萝卜生吃熟吃效果大不同，生的维生素 C 含量丰富，熟的胡萝卜素含量丰富。

新手妈咪DIY　让宝宝爱上胡萝卜的味道

胡萝卜是宝宝常食用的一种辅食，它营养丰富，对宝宝的健康很有好处。但大多数的宝宝都不喜欢胡萝卜的味道，这让妈妈们很头疼。怎么能让宝宝乖乖吃下胡萝卜呢?请看下面的妙招!

胡萝卜与肉、蛋、猪肝等搭配着吃，可以掩盖胡萝卜的味儿；或者把胡萝卜剁得很细，放在肉馅中做成丸子，或与其他剁碎的食材一起包成饺子，宝宝发现不了，就会吃了。

妈妈必知的红黑名单搭配

如果在胡萝卜中另外添加一些食材，就可以让宝宝吸收更多的营养。不过，不是所有的食材都适合与胡萝卜同食，妈妈们要注意啦。

猪肉

胡萝卜和猪肉搭配食用，具有补虚益肝的功效

菠菜

胡萝卜和菠菜搭配食用，可以保持脑血管畅通

黑鱼

胡萝卜和黑鱼搭配食用，可以补脾胃、消积食

黄豆

胡萝卜和黄豆搭配食用，有益于骨骼发育

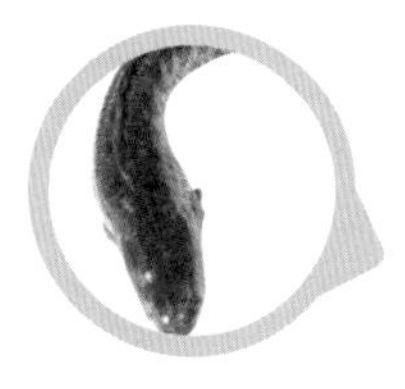

红枣

胡萝卜和红枣搭配食用，具有健脾、生津、解毒、润肺、止咳的功效

菊花

胡萝卜和菊花搭配食用，具有滋肝明目的功效

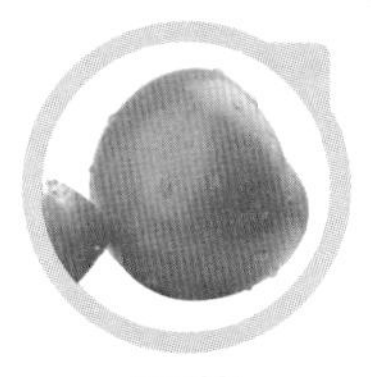

番茄

胡萝卜不宜和番茄搭配食用，会破坏番茄中的维生素C，降低营养价值

醋

胡萝卜不宜和醋搭配食用，会破坏胡萝卜中的胡萝卜素

护眼
增强体质

香菇胡萝卜面

材料 鲜面条50克，香菇、胡萝卜各20克，菜心100克。

调料 蒜片3克，盐2克，植物油适量。

做法

1 菜心洗净，切段；香菇、胡萝卜均洗净，切片。

2 锅内倒植物油烧至五成热，爆香蒜片，放入胡萝卜片、香菇片、菜心段略炒，加足量清水大火烧开。

3 将鲜面条用水冲洗，去掉外面的防粘淀粉，以保持汤汁清澈。

4 将洗好的面条放入锅中煮熟，加盐调味即可。

健脑
明目

胡萝卜鸡蛋碎

材料 胡萝卜1根，鸡蛋1个。

调料 生抽少许。

做法

1 胡萝卜洗净，上锅蒸熟，切碎。

2 鸡蛋带壳煮熟，放入凉水里泡一下，去壳，切碎。

3 将胡萝卜碎和鸡蛋碎混合，滴上生抽搅拌均匀即可。

营养师说

这道菜富含优质蛋白质、胡萝卜素、膳食纤维等，有健脑益智、养肝明目、润肠通便的作用。

豆腐

蛋白质绝佳补充剂

功　　效	补益气血、清热润燥、提高免疫力、清肠
有效成分	含有铁、钙、磷、镁和其他人体必需的多种微量元素，以及糖类、植物油和丰富的优质蛋白，且其消化吸收率达 95% 以上。
热　　量	351 千焦 /100 克可食部

挑选食材有妙招

优质的豆腐富有弹性，本身颜色净白细嫩，表面没有水纹，没有杂质。

劣质的豆腐颜色微微发黄，缺乏弹性，内有水纹、气泡，含有细微的颗粒杂质。

Tips

一次不宜给宝宝喂食过多的豆腐，否则不但会阻碍宝宝对铁的吸收，还会出现腹胀、腹泻等不适症状。

简单几步自制嫩滑豆腐脑

豆腐脑口感软嫩，很适合宝宝食用。自己做的豆腐脑干净、安全，吃得放心，而且想吃了就做，非常方便。其做法也很简单，不会做饭的妈妈也能做成功哦！

具体做法：取 500 毫升自制的已过滤掉豆渣的热豆浆倒入大碗中，待豆浆冷却到 70～80℃时，加入葡萄糖酸内酯（网上有售）搅拌均匀，五分钟即成豆腐脑。接下来，妈妈们加糖或制作咸味的卤汁给豆腐脑调味就可以了！

妈妈必知的红黑名单搭配

如果在豆腐中另外添加一些食材，就可以让宝宝吸收更多的营养。不过，不是所有的食材都适合与豆腐同食，妈妈们要注意啦。

海带

豆腐和海带搭配食用，营养互补，可以补充碘和蛋白质

蘑菇

豆腐和蘑菇搭配食用，可以舒张小血管，促进血液循环

鱼肉

豆腐和鱼肉搭配食用，可以提高对钙的吸收利用率

泥鳅

豆腐和泥鳅搭配食用，具有清热解毒、强壮身体的功效

黑名单

白萝卜

豆腐属于植物蛋白，多吃会导致消化不良，而白萝卜可助消化，两者同食可健脾养胃、消食除胀

紫菜

豆腐和紫菜搭配食用，具有滋补肝肾、益气和中的功效

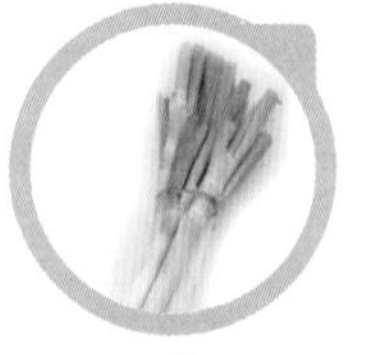

葱

豆腐不宜和葱搭配食用，会生成草酸钙，形成结石

蜂蜜

豆腐不宜和蜂蜜搭配食用，容易导致宝宝腹泻

营养食谱推荐

花豆腐

材料 豆腐 50 克，青菜叶 30 克，熟鸡蛋黄 1 个。

调料 盐、葱姜水适量。

做法

1 豆腐稍煮，放入碗内研碎；蛋黄研碎；青菜叶洗净，用开水微烫，切成碎末，放入装有豆腐碎的碗中，加入盐、葱姜水拌匀。

2 豆腐青菜碎做成方形，撒一层蛋黄碎在表面。入蒸锅，中火蒸 5 分钟即可。

营养师说

鸡蛋黄中含有丰富的蛋白质、卵磷脂、铁、磷等营养物质，能够增强宝宝体质，提高其免疫力。

水果杏仁豆腐羹

材料 西瓜、香瓜各 40 克，水蜜桃 35 克，杏仁豆腐 50 克。

调料 白糖少许。

做法

1 将西瓜取果肉去子，切丁；香瓜洗净，去皮，切丁；水蜜桃洗净，切丁；将杏仁豆腐切丁。

2 碗中倒入适量开水，加少许白糖调味，晾凉后再加入西瓜丁、香瓜丁、水蜜桃丁、杏仁豆腐丁即可。

营养师说

这道羹含有维生素 C、膳食纤维、钙、多不饱和脂肪酸等营养物质，口感香甜，能补钙壮骨、健脑益智、促进发育。

菠菜

宝宝理想的叶酸补充剂

功　效 保护视力、预防贫血、促进大脑发育、增强食欲

有效成分 菠菜含有的胡萝卜素进入宝宝体内后会转化成维生素A，对宝宝的眼睛有保健作用。其所含的叶酸是脑细胞代谢的“最佳供给者”之一，具有健脑益智的功效。

热　量 116千焦/100克可食部

挑选食材有妙招

质量好的菠菜叶片颜色深绿有光泽，叶片充分舒展，分量充足，根部也同样很水灵、很新鲜。

不好的菠菜叶片发黄、发黑、萎缩、发软，茎部受到损坏，根部不新鲜。

Tips

菠菜里的草酸主要是以草酸钾的形式存在，草酸钾的水溶解度很高，1克草酸钾能溶于3毫升水，所以菠菜焯水后，大量草酸钾就溶解到水里了。

新手妈咪DIY　不影响钙吸收的菠菜吃法

有的爸爸妈妈认为，菠菜含草酸较多，会妨碍宝宝对钙的吸收，其实，只要制作方法得当，草酸的负面影响是可以大大减小的。

具体做法：烹调菠菜前，先把洗净的菠菜放在开水中快速焯一下，30秒左右即可，这样绝大部分草酸就可以去除掉了。

妈妈必知的红黑名单搭配

如果在菠菜中另外添加一些食材，就可以让宝宝吸收更多的营养。不过，不是所有的食材都适合与菠菜同食，妈妈们要注意啦。

大蒜

菠菜和大蒜搭配食用，可消除疲劳、滋养皮肤、集中注意力

鸡蛋

菠菜和鸡蛋搭配食用，可帮助平衡磷和钙的摄取

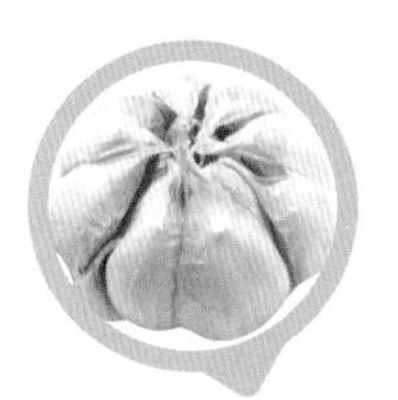

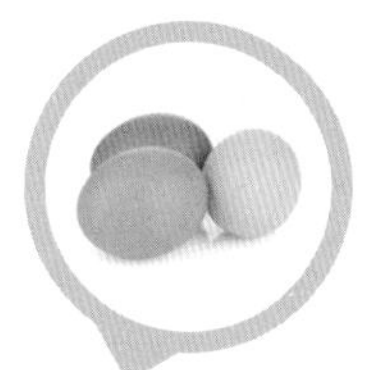

红枣

菠菜和红枣搭配食用，可健脾益气，养血补虚

鸡血

菠菜和鸡血搭配食用，可养肝、净化血液

海带

菠菜和海带搭配食用，对宝宝牙齿和骨骼有益

猪肝

菠菜和猪肝搭配食用，可预防贫血

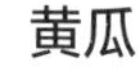

豆腐

菠菜不宜和豆腐搭配食用，会影响钙吸收，形成结石

黄瓜

菠菜不宜和黄瓜搭配食用，会破坏菠菜中的维生素 C

奶油菠菜

材料 菠菜叶100克，奶油20克。

调料 盐2克，黄油少许。

做法

1 菠菜叶洗净，用沸水焯烫，切碎。

2 锅置火上，放适量黄油，烧热后下奶油至化开，下菠菜碎煮2分钟至熟，加盐即可。

营养师说

奶油菠菜富含叶酸，能保护宝宝的视力，促进体内红细胞生成。

鹌鹑蛋菠菜汤

材料 鹌鹑蛋4个，菠菜100克。

调料 盐、香油各适量。

做法

1 鹌鹑蛋洗净，磕入碗中，打散；菠菜择洗干净，放入沸水中焯烫30秒，捞出，沥干水分，切段。

2 锅置火上，倒入适量清水烧开，淋入蛋液搅成蛋花，放入菠菜段，加盐搅拌均匀，淋上香油即可。

营养师说

这道汤含有蛋白质、锌、卵磷脂、叶酸等，能帮助宝宝强筋壮骨、健脑益智。

西蓝花

吃出免疫力

功　效 预防感染、提高免疫力、增加血管弹性、促进废物排泄

有效成分 西蓝花中维生素 C 的含量相当于大白菜的 4 倍，维生素 B_2 与胡萝卜素的含量分别为大白菜的 2 倍和 8 倍。

热　量 111 千焦 /100 克可食部

挑选食材有妙招

质量好的西蓝花颜色深绿，质地脆嫩，叶球松散，没有腐烂和虫蛀的情况。手感越重质量越好。

劣质的西蓝花手感比较轻，颜色发白，花球比较硬，有腐烂、虫蛀的情况。

Tips

西蓝花在烹饪时，烧煮时间不宜过长，加盐时间不宜过早，才可最大限度保留其防癌抗癌的营养成分。

新手妈咪DIY　让藏在花柄处的菜虫现形

西蓝花易生虫，而且有些菜虫会钻进西蓝花花柄的缝隙处，这让西蓝花不容易清洗干净。下面就教你如何将西蓝花彻底清洗干净，并让藏在花柄处的菜虫现形。

具体做法： 择去西蓝花边缘的绿叶子，削去西蓝花的老根，将西蓝花放入淡盐水中浸泡 10 分钟（水量要以没过西蓝花为宜），可以将藏匿在花柄缝隙处的菜虫逼出来，然后在拧开的水龙头下用软毛刷将西蓝花表面的污物洗刷干净，再将西蓝花倒着拿在手上，用流动的水冲洗花柄的缝隙处即可。

妈妈必知的红黑名单搭配

如果在西蓝花中另外添加一些食材，就可以让宝宝吸收更多的营养。不过，不是所有的食材都适合与西蓝花同食，妈妈们要注意啦。

猪肉

西蓝花和猪肉搭配食用，可消除疲劳，提高免疫力

鸡肉

西蓝花和鸡肉搭配食用，可强壮筋骨

糙米

西蓝花和糙米搭配食用，可保护皮肤

胡萝卜

西蓝花和胡萝卜搭配食用，可养肝护眼

番茄

西蓝花和番茄搭配食用，可利肠胃

红名单

黑名单

牛奶

西蓝花不宜和牛奶搭配食用，会影响钙的吸收

牛肝

西蓝花不宜和牛肝搭配食用，牛肝中的铜会使西蓝花中的维生素C氧化

猪肝

西蓝花不宜和猪肝搭配食用，会降低对铁的吸收

营养食谱推荐

西蓝花汤

材料 西蓝花 100 克，面粉 50 克。

调料 黄油、盐、鸡汤、洋葱末各适量。

做法

1 西蓝花去根部，洗净切块。

2 锅中加入黄油，爆香洋葱末，加入西蓝花和鸡汤，大火烧开。

3 另起锅，将面粉炒香，慢慢地加入汤内，直至变浓稠，加入盐调味。

4 用粉碎机将上述汤和料一同打碎。

5 倒入锅中烧开即可。

营养师说

西蓝花营养丰富，含有多种维生素、矿物质等营养物质，非常适合宝宝食用。

西蓝花豆浆汁

材料 西蓝花 200 克，豆浆 400 毫升。

做法

1 西蓝花洗净，掰成小朵，放沸水中焯烫，晾凉备用。

2 把西蓝花和豆浆放入榨汁机中搅打成汁即可。

营养师说

西蓝花豆浆汁富含维生素 C、蛋白质、膳食纤维等，能帮助宝宝缓解便秘，提高抗病力。

番茄

守卫宝宝健康的抗氧化剂

功　　效　抑菌消炎、促进消化、清肠毒、预防肥胖

有效成分　番茄中含有番茄红素，可减轻紫外线对皮肤的损伤，保护皮肤的弹性；所含的维生素 C 能提高身体抵抗力。

热　　量　61 千焦 /100 克可食部

挑选食材有妙招

自然成熟的番茄在番茄蒂周围有一些绿色，外表光滑，捏起来很软，番茄的肉质红色、沙瓤、多汁，籽为土黄色。

通过催熟的番茄整体通红，手感比较硬，外观上不圆滑，呈现多面体，肉质发白，瓤内没有汁，籽是绿色的或者没有籽。

Tips

番茄最好生熟搭配吃。生吃番茄可以吸收较多的维生素 C，烹熟后食用能吸收番茄红素。

新手妈咪 DIY　巧去番茄的皮和籽

月龄小的宝宝难以消化番茄的皮和籽，妈妈在用番茄给宝宝制作食物时，一定要将番茄的皮和籽去除干净，这样才有利于宝宝食用和消化吸收。

具体做法：番茄洗净，在头部用刀划个“十”字，放入烧开的沸水中焯烫 30 秒，捞入冷水中浸凉后剥去表皮，切薄片，用钢勺的柄将番茄的籽挖下来即可。也可以取一个钢勺，像刮土豆皮那样在番茄表面刮一遍，然后在番茄的表皮撕开一个小口，这样很容易就能将番茄的皮剥下来了。

妈妈必知的红黑名单搭配

如果在番茄中另外添加一些食材，就可以让宝宝吸收更多的营养。不过，不是所有的食材都适合与番茄同食，妈妈们要注意啦。

鸡蛋

番茄和鸡蛋搭配食用，能同时补充蛋白质和维生素C，具有滋补的功效

苹果

番茄和苹果搭配食用，可调理肠胃，预防贫血

白糖

番茄和白糖搭配食用，可增进食欲

芹菜

番茄和芹菜搭配食用，具有健胃消食的功效

酸奶

番茄和酸奶一起榨汁，可提高体内铁元素的吸收率，有效补血

菜花

番茄和菜花都含有丰富的维生素，二者搭配同食，可有效清除血液中的杂质

鱼肉

番茄不宜和鱼肉搭配食用，会影响对铜的吸收

猪肝

番茄不宜和猪肝搭配食用，会破坏番茄中的维生素C

番茄荷包蛋

材料 鸡蛋1个，番茄100克，菠菜20克。

调料 盐2克，葱丝3克，水淀粉10克，植物油适量。

做法

1 番茄用开水烫一下，去皮、籽，切成小片；菠菜洗净，焯水，切成小段。

2 锅置火上，加适量清水烧开，打入鸡蛋，将鸡蛋煮熟成荷包蛋。

3 另取净锅，放植物油烧热，下入葱丝煸炒，再下入番茄煸炒。

4 将煮熟的荷包蛋及水倒入番茄锅中，加上盐、菠菜段烧开，用水淀粉勾芡即可。

腊肠番茄

材料 番茄20克，腊肠10克。

调料 肉汤少许。

做法

1 将番茄洗净，用热水烫后，去皮、去籽，切碎；腊肠切碎。

2 锅中放肉汤，下入番茄、腊肠，边煮边搅拌，并用勺子背面将其压成糊状即可。

营养师说

腊肠番茄含有较丰富的蛋白质、脂肪、番茄红素等，能够提高宝宝的食欲，开胃助食。

洋葱

宝宝的健康卫士

功　　效　增加食欲、促进消化、增强细胞代谢、杀菌防感冒

有效成分　洋葱中含有的类黄酮物质具有强大的抗氧化能力，能清除伤害细胞的氧分子自由基，预防疾病。洋葱中含有大蒜素和植物杀菌素，具有较强的杀菌能力。

热　　量　169 千焦 /100 克可食部

挑选食材有妙招

好的洋葱茎部紧密、结实，表面光滑完整，没有伤痕。

劣质洋葱表面会有不同程度的损坏，贮存时间过久的洋葱会出现发芽、有根须的现象。

Tips

晚餐最好不要给宝宝吃洋葱，因为食用洋葱后会有轻微的腹胀感，容易影响宝宝睡眠。

新手妈咪 DIY　巧切洋葱不流泪

洋葱的汁液含刺激性物质，切开后能挥发到空气中，可以直接刺激眼睛的角膜引起流泪；经鼻子吸入后通过反射也会引起流泪。怎样切洋葱不流泪呢？妈妈们一定很想知道吧。

具体做法：洋葱洗干净后放入冰箱冷藏 2～4 小时，将切洋葱的刀用清水润湿后再切洋葱就不会流眼泪了！

妈妈必知的红黑名单搭配

如果在洋葱中另外添加一些食材，就可以让宝宝吸收更多的营养。不过，不是所有的食材都适合与洋葱同食，妈妈们要注意啦。

苦瓜

洋葱和苦瓜搭配食用，可提高免疫力

猪肝

洋葱和猪肝搭配食用，可提供丰富的蛋白质、维生素A

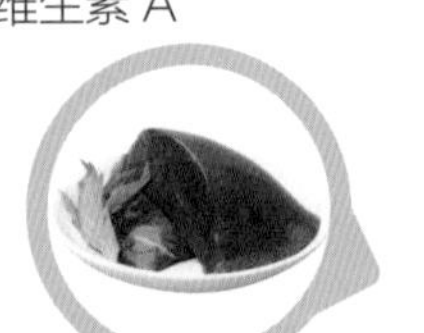

鸡蛋

洋葱和鸡蛋搭配食用，可促进血液循环

红名单

黑名单

牛肉

洋葱和牛肉搭配食用，具有温补肝肾的功效

猪瘦肉

洋葱和猪瘦肉搭配食用，可滋阴润燥、止咳化痰

蜂蜜

洋葱不宜和蜂蜜搭配食用，容易引起眼睛不适、腹胀腹泻

海带

洋葱不宜和海带搭配食用，容易形成结石

海鱼

洋葱不宜和海鱼搭配食用，会破坏海鱼中的蛋白质

营养食谱推荐

洋葱摊蛋

材料 洋葱、鸡蛋各100克。

调料 植物油、盐各少许。

做法

1 洋葱洗净、去蒂、切成小薄片；鸡蛋打散。
2 锅加热，放入适量油，七分热后倒入洋葱片，翻炒。
3 淋入鸡蛋液，小火翻炒。
4 加适量盐调味即可。

营养师说

洋葱和鸡蛋的搭配，能增强宝宝食欲，促进宝宝对营养的吸收，促进智力发育，还可以祛风散寒。

干贝厚蛋烧

材料 鸡蛋1个，番茄半个，干贝10克。

调料 植物油适量。

做法

1 番茄洗净，去皮，切碎；干贝洗净，用水泡2小时，隔水蒸15分钟，切碎。
2 鸡蛋在碗中打散，放入番茄碎、干贝碎搅拌均匀。
3 油锅烧热，先均匀地倒一层蛋液，凝固后卷起盛出，再倒一层蛋液重复操作。蛋卷盛出后切段即可。

营养师说

干贝厚蛋烧可以为宝宝提供丰富的钙、磷、铁、蛋白质等多种营养。

香菇

赶走宝宝身边的感冒病毒

功　　效　预防流感、调理肠胃、增强免疫力、改善厌食症状。

有效成分　香菇中含有一种一般蔬菜中缺乏的能增强人体抵抗疾病能力的麦角甾醇，对宝宝的生长发育非常有好处。香菇还富含硒，硒对小儿神经系统的发育有不可忽视的作用。

热　　量　鲜香菇 107 千焦 /100 克可食部

挑选食材有妙招

优质的香菇颜色褐黄光润，体圆，齐整，菇头如伞，菇伞顶上有像菊花一样的白色裂纹，朵小柄短，肉质厚嫩，有芳香气味。

质量稍差的香菇，菇伞顶上没有花纹，颜色呈栗色，或者朵大肉薄，颜色浅褐，味不浓。

Tips

香菇偏黏滞，脾胃寒的宝宝不宜食用。

新手妈咪DIY　超省时快速泡发干香菇

香菇富含多种营养素，给宝宝做饭时加些香菇，非常有营养。但有时候妈妈们可能会遇到这种情况，打算用香菇做菜，但做菜时才发现干香菇还没有泡发。别着急，快速泡发香菇妙招来帮你！

具体做法：取适量香菇放进带盖的适宜摇晃的容器里，加一点儿盐，倒入没过香菇的温水，盖上容器的盖子，上下用力摇晃 2~3 分钟，刚才还干硬的香菇，已经被泡发软并具有吸水性了！

妈妈必知的红黑名单搭配

如果在香菇中另外添加一些食材，就可以让宝宝吸收更多的营养。不过，不是所有的食材都适合与香菇同食，妈妈们要注意啦。

冬笋

香菇和冬笋搭配食用，具有生津止渴、清热利尿、增强免疫力的功效

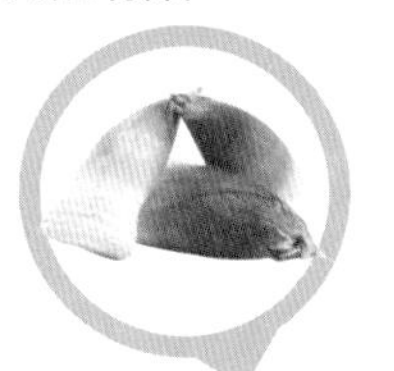

鸡肉

香菇和鸡肉搭配食用，可清理肠道，改善便秘

西蓝花

香菇和西蓝花搭配食用，具有利肠胃、壮筋骨的功效

苦瓜

香菇和苦瓜搭配食用，可减少脂肪吸收

小米

香菇和小米搭配食用，具有开胃助食的功效

莴笋

香菇和莴笋搭配食用，可利尿通便

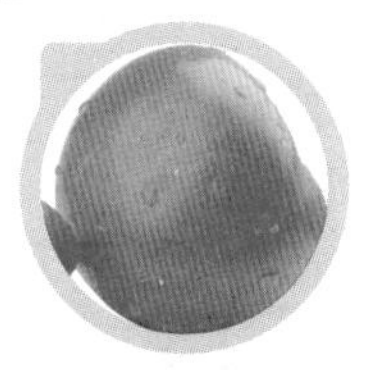

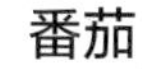

鹌鹑肉

香菇不宜和鹌鹑肉搭配食用，否则面部容易长黑斑

番茄

香菇不宜和番茄搭配食用，会破坏番茄中的胡萝卜素

营养食谱推荐

香菇豆腐汤

材料 豆腐200克，鲜香菇50克，冬笋40克，油菜25克。

调料 盐2克，香油少许。

做法

1 香菇去蒂，洗净，切块，沥干；豆腐切块，开水中略焯，捞出沥干；冬笋切片；油菜叶洗净。

2 汤锅中倒入水烧沸，放入冬笋片、香菇、豆腐块煮熟，加盐调味，放入油菜叶，淋入香油即可。

营养师说

香菇豆腐汤富含蛋白质、维生素C、维生素D等营养物质，能促进食欲，提高免疫力。

七彩香菇

材料 水发香菇、水发木耳各100克，青椒、红椒、熟冬笋各50克，绿豆芽5克。

调料 盐、水淀粉、植物油各适量。

做法

1 将青椒、红椒、熟冬笋、水发木耳洗净后都切成细丝，连同绿豆芽放入油锅中煸炒，加水放盐，用水淀粉勾芡成卤汁。

2 将香菇洗净切小块，放入油锅内炒熟，盛出后浇入卤汁即可。

营养师说

这道菜有健脾和胃、排毒、提高免疫力的功效。

木耳

宝宝消化系统的清道夫

功　效　补血、排毒、健脑

有效成分　黑木耳中含有丰富的铁元素，含有一种特殊的多糖体能增加抗体，特殊的胶质能够吸附人体中的多种灰尘，溶解或氧化宝宝吃下的一些异物。

热　量　水发木耳 112 千焦 /100 克可食部

挑选食材有妙招

优质木耳表面黑而且有光泽，有一面呈灰色，用手摸会感觉干燥，没有颗粒感，没有异味。

劣质的木耳看上去比较厚，分量也比较重，用手摸会有潮湿或者颗粒感，有甜味或者咸味。

Tips

将干木耳用水煮熟后，搅碎成糊状，有利于宝宝对营养物质的充分吸收。

新手妈咪DIY　泡出松软朵大的木耳

木耳的泡发和清洗很重要，泡发充分的木耳更好吃，清洗干净的木耳才不会有沙粒硌伤宝宝娇嫩的牙齿。

具体做法：取适量干木耳放入盛器中，倒入没过木耳的淘米水，浸泡 6～8 小时，可泡发出松软朵大的木耳，清洗木耳时在水中加少许淀粉浸泡一会儿再洗，能充分洗净木耳上的脏污！

妈妈必知的红黑名单搭配

如果在木耳中另外添加一些食材，就可以让宝宝吸收更多的营养。不过，不是所有的食材都适合与木耳同食，妈妈们要注意啦。

红名单

豆腐

木耳和豆腐搭配食用，具有养血、令肌肤红润的功效

猪腰

木耳和猪腰搭配食用，可养肝补肾

山楂

木耳和山楂搭配食用，可辅助调理口腔溃疡

红枣

木耳和红枣搭配食用，可调理气血

莴笋

木耳和莴笋搭配食用，可促进对铁的吸收

黑名单

田螺

木耳不宜和田螺搭配食用，会损害肠胃，引起食物中毒

鹌鹑肉

木耳不宜和鹌鹑肉搭配食用，会增加血液黏稠度，影响营养吸收

茶叶

木耳不宜和茶叶搭配食用，会降低对铁的吸收

营养食谱推荐

木耳蒸鸭蛋

材料 黑木耳25克，鸭蛋1个。

调料 冰糖3克。

做法

1 将黑木耳泡发后，洗净，切碎。

2 鸭蛋打散，加入黑木耳、冰糖，添少许水，搅拌均匀后，隔水蒸熟即可。

营养师说

木耳蒸鸭蛋富含膳食纤维、蛋白质、卵磷脂等，能帮助宝宝预防便秘，还能健脑益智。

核桃木耳大枣粥

材料 大米30克，熟核桃仁15克，水发木耳10克，大枣3个。

做法

1 大米淘洗干净；熟核桃仁碾碎；水发木耳去蒂，洗净，切碎；大枣洗净，去核，切碎。

2 锅置火上，倒入上述食材，加入足量的清水，大火烧开后转小火煮成米粒熟烂的稠粥即可。

营养师说

这道粥含有多不饱和脂肪酸、膳食纤维、维生素C等，有助于增强记忆力，润肠通便。

苹果

让宝宝头脑好用的“记忆果”

功　效　提高记忆力、增强免疫力、滋润皮肤、健脾利胃

有效成分　每100克苹果中含钙11毫克、磷9毫克、铁0.3毫克，并含有一定量的胡萝卜素、维生素B_1、维生素B_2及维生素C。

热　量　227千焦/100克可食部

挑选食材有妙招

质量好的苹果大小适中、软硬适中、颜色艳丽、表面光滑、无虫眼和损伤、酸甜适中、气味芳香。

不好的苹果个头过大或者过小、表面干瘪发软、有虫眼或者损伤、味道和芳香气味也比较淡。

Tips

苹果不宜在饭后立即吃，否则不但不利于消化，还会造成胀气和便秘。

新手妈咪DIY　宝宝爱吃妈妈做的熟苹果泥

苹果泥含有多种维生素和矿物质，适合4~6个月的宝宝食用。苹果泥具有补气血、健脾胃的功效，对宝宝缺铁性贫血有较好的调理作用，对消化不良、脾虚的宝宝也较适宜。宝宝常吃苹果泥，还可预防佝偻病。

具体做法：取1个苹果洗净后去皮和蒂，除核，切成小丁，装入蒸碗中，加少许清水，送入烧开的蒸锅蒸20分钟，取出，晾至温热，用杵棒将蒸熟的苹果丁捣碎，即做成熟苹果泥。

妈妈必知的红黑名单搭配

如果在苹果中另外添加一些食材，就可以让宝宝吸收更多的营养。不过，不是所有的食材都适合与苹果同食，妈妈们要注意啦。

猪肉

苹果和猪肉搭配食用，具有健胃润肺、安神益智的功效

洋葱

苹果和洋葱搭配食用，可养护心脏

枸杞子

苹果和枸杞子搭配食用，能提供丰富的营养，可以用来辅助调理小儿下痢

芦荟

苹果和芦荟搭配食用，具有生津止渴、健脾益胃、消食顺气等功效

茶叶

苹果和茶叶搭配食用，具有保护心脏的功效

魔芋

苹果和魔芋搭配食用，可促进肠道蠕动，帮助减肥

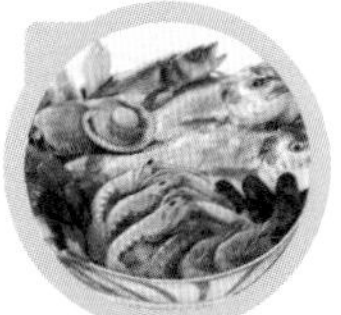

白萝卜

苹果不宜和白萝卜搭配食用，容易诱发甲状腺肿大

海鲜

苹果不宜和海鲜搭配食用，容易引起消化不良，引发恶心、呕吐等

营养食谱推荐

苹果馅饼

材料 苹果2个，面粉适量。

调料 蜂蜜适量。

做法

1 苹果洗净切小块，放入榨汁机中，加少许水，打成果泥，将果汁和果泥分离开。

2 用果汁和面，揉成光滑的面团；果泥加入蜂蜜拌匀做成馅。

3 将面团分成数份，制成剂子，擀成片，包入馅料，按成小饼，放入平底锅中两面煎熟即可。

营养师说

苹果馅饼富含维生素C，能促进消化，增强食欲，提高记忆力。

樱桃苹果汁

材料 樱桃30克，苹果150克，柠檬30克。

调料 蜂蜜适量。

做法

1 樱桃洗净，切两半，去核；苹果洗净，去皮、核，切小块；柠檬洗净，去皮、核。

2 将上述食材倒入全自动豆浆机中，加入适量饮用水，按下“果蔬汁”键，搅打均匀后倒入杯中，加入蜂蜜搅匀即可。

营养师说

樱桃苹果汁富含维生素C、膳食纤维等，能促进肠胃蠕动，调理便秘。

猕猴桃

呵护健康的维 C 之王

功　　效　防病、保护肝胆、保护心脏

有效成分　猕猴桃中维生素 C 的含量比柑橘、苹果等水果高几倍。猕猴桃所含的酚类、碳水化合物以及矿物质对人体修护细胞膜、活化免疫细胞都有重要作用。

热　　量　257 千焦 /100 克可食部

挑选食材有妙招

充分成熟的猕猴桃质地比较软，有芳香气味。

人工使用膨大剂的猕猴桃果身粗大、颜色黄绿、果皮比较粗糙、尖端肥大。

Tips

猕猴桃性质寒凉，患风寒感冒的宝宝不宜吃猕猴桃，脾胃功能较弱的宝宝也要少吃。

新手妈咪 DIY　催熟猕猴桃，苹果和梨来帮忙

充分成熟的猕猴桃质地较软，并有香气，这是猕猴桃较适宜食用的状态。但是我们通常买回家的猕猴桃大多质地较硬，并且味道酸，还不宜食用。只要存放得当，质地较硬的猕猴桃很快就会变软，口味也会随之变甜。

具体做法：将买回来的质地较硬的猕猴桃放入塑料袋中，再取与猕猴桃相同数量的苹果或梨放入装有猕猴桃的塑料袋中，扎紧袋口，在阴凉通风处放置 3~5 天，猕猴桃就会变软变甜！

妈妈必知的红黑名单搭配

如果在猕猴桃中另外添加一些食材，就可以让宝宝吸收更多的营养。不过，不是所有的食材都适合与猕猴桃同食，妈妈们要注意啦。

大米

猕猴桃和大米搭配食用，具有除烦止渴、健脾补肺、滋肾益精的功效

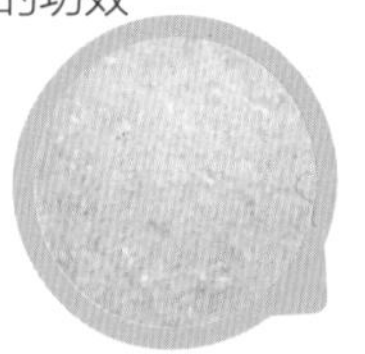

酸奶

猕猴桃和酸奶搭配食用，可促进肠道健康，预防便秘

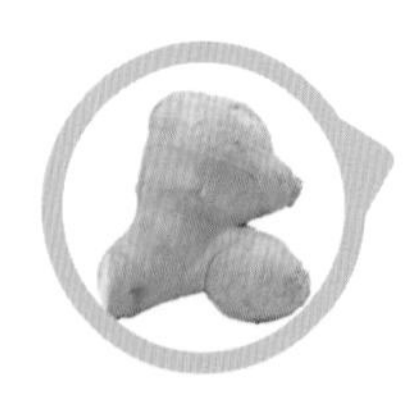

生姜

猕猴桃和生姜榨汁同饮，可清胃止呕

猪肉

猕猴桃和猪肉搭配食用，具有清热解毒、利湿活血的功效

黄瓜

猕猴桃不宜和黄瓜搭配食用，会造成两者的营养物质流失

猪肝

猕猴桃不宜和猪肝搭配食用，会破坏猕猴桃中的维生素 C

营养食谱推荐

猕猴桃薏米粥

材料 猕猴桃 40 克，薏米 100 克。

调料 冰糖适量。

做法

1 猕猴桃去皮、洗净，切成小丁；薏米淘洗干净。

2 锅中加水，倒入薏米烧开，大火熬 40 分钟。

3 加适量冰糖，煮化后，倒入猕猴桃丁，搅匀即可。

营养师说

这道粥有健脾利湿、提高免疫力的作用。

猕猴桃泥

材料 猕猴桃 3 个。

调料 白糖适量。

做法

1 猕猴桃洗净，剥皮，取果肉。

2 猕猴桃肉切成小块。

3 猕猴桃块倒入料理机中，打成果泥。

4 倒进杯子里，加白糖调味即可。

营养师说

猕猴桃泥口感好，营养丰富，可促进生长激素分泌。

橙子

让宝宝少生病的酸甜精灵

功　　效　提高免疫力、抗癌排毒、止咳化痰

有效成分　在所有的水果中，橙子所含的抗氧化物质最高，包括 60 多种类黄酮物质和 17 种胡萝卜素。橙子还是钾元素的天然来源，并且不含钠和胆固醇。

热　　量　202 千焦 /100 克可食部

挑选食材有妙招

天然的橙子表面不是很光滑，比较粗糙，表皮破孔比较多。

人工美容的橙子表面非常光滑，几乎没有破孔，用湿纸巾在表面擦一下纸巾上可能会有颜色。

Tips

橙子一次不要多吃，否则容易伤肝气，发虚热。

新手妈咪DIY　轻松去橙子皮

冬季是吃橙子的季节。大多数人在吃橙子的时候都会用刀把它切开，这时候橙子的汁液就会流出来，既浪费又不卫生。如果我们用手把橙子皮剥掉，也就避免了这个问题。

具体方法：把橙子放在桌面上，用手掌压住慢慢地来回揉搓一会儿，用力要均匀，多搓几下，橙子变软了，就会像橘子一样容易剥皮了，吃起来既干净又方便。

妈妈必知的红黑名单搭配

如果在橙子中另外添加一些食材，就可以让宝宝吸收更多的营养。不过，不是所有的食材都适合与橙子同食，妈妈们要注意啦。

蛋黄酱

橙子和蛋黄酱搭配食用，有助于促进血液循环，且具有护肤的功效

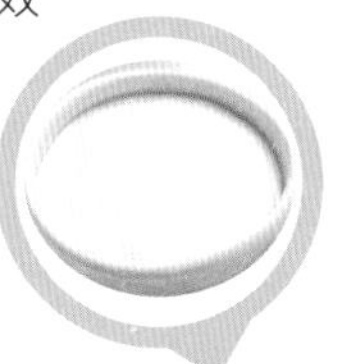

柑橘

橙子和柑橘搭配食用，可增强免疫力，预防感冒

黄酒

橙子和黄酒搭配食用，可缓解红肿硬结、疼痛等症状

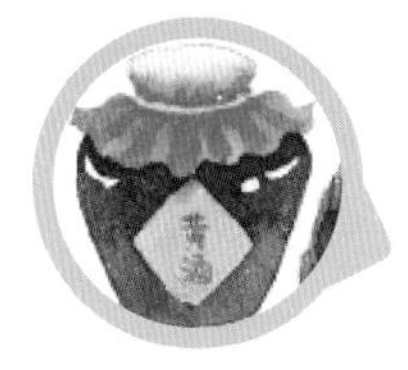

猕猴桃

橙子和猕猴桃搭配食用，可补充维生素C，预防关节损伤

蜂蜜

橙子和蜂蜜搭配食用，可用于辅助调理胃气不和、呕逆少食

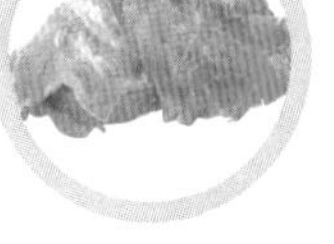

猪肉

橙子不宜和猪肉搭配食用，容易引发恶心、腹痛等肠胃不适

豆浆

橙子不宜和豆浆搭配食用，会影响蛋白质和钙的吸收

虾

橙子不宜和虾搭配食用，会形成鞣酸钙，刺激肠胃

营养食谱推荐

香橙胡萝卜汁

材料 胡萝卜100克，橙子150克。

调料 冰糖适量。

做法

1 胡萝卜洗净，去皮，切丁；橙子去皮，切丁。

2 将所有食材放入果汁机中，加水搅打成汁。

3 加入冰糖调味，待溶化后即可饮用。

营养师说

香橙胡萝卜汁富含维生素C、胡萝卜素等，能帮助宝宝明目护眼、提高免疫力。

鲜橙泥

材料 橙子1个。

做法

1 将橙子横向一切为二，然后将剖面覆盖在玻璃挤橙器上旋转，使橙汁流入下面的缸内。

2 加一些温开水，调稀些喂给宝宝。

营养师说

橙子有宽肠理气、化痰的功效，可以经常给宝宝食用。此外，橙子富含维生素C，能帮助预防感冒。

红枣

味道甜美的天然维生素丸

功　　效　提高免疫力、促进骨骼发育、益智安神、补中益气

有效成分　红枣中富含叶酸，叶酸能参与血细胞的生成，促进宝宝神经系统的发育。红枣中所含的铁是人体造血所必需的成分，其对预防贫血有优秀的表现，是预防宝宝贫血的理想食物。

热　　量　鲜枣 524 千焦 /100 克可食部；干枣 1155 千焦 /100 克可食部

挑选食材有妙招

质量好的鲜枣个大肉厚、核小，表皮有光泽，没有霉烂虫蛀；干枣含水量适中，枣味浓重，大小均匀。

被虫蛀的干枣在蒂端有穿孔或者有深褐色粉末，用手捏时感觉松软粗糙。

Tips

宝宝一次不宜吃过多红枣，不然会出现便秘、腹胀等不适症状。

新手妈咪 DIY　自制细滑去皮枣泥

给宝宝吃的枣泥一定要去净枣皮，不然宝宝不易消化。很多妈妈都说做枣泥不好去枣皮，其实只要用对了工具和制作方法，就能轻松搞定！

具体做法：红枣洗净，用清水浸泡 2 小时，挖去枣核，放到锅中，加入没过红枣的清水煮熟。取一个网筛，戴上一次性手套，抓适量煮好的红枣放到网筛上用勺背碾压，把枣肉从网筛上面挤到下面，最终网筛的上面就剩下枣皮，然后把粘在网筛下面的枣泥刮到碗里，细滑的去皮枣泥就做好了！

妈妈必知的红黑名单搭配

如果在红枣中另外添加一些食材，就可以让宝宝吸收更多的营养。不过，不是所有的食材都适合与红枣同食，妈妈们要注意啦。

百合

红枣和百合搭配食用，具有滋阴养血、安神的功效

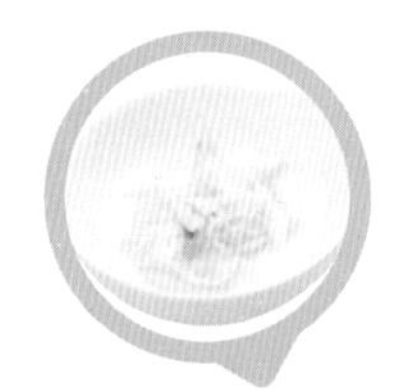

芹菜

红枣和芹菜搭配食用，具有滋润皮肤、养血的功效

兔肉

红枣和兔肉搭配食用，具有补中益气、滋阴养血的功效

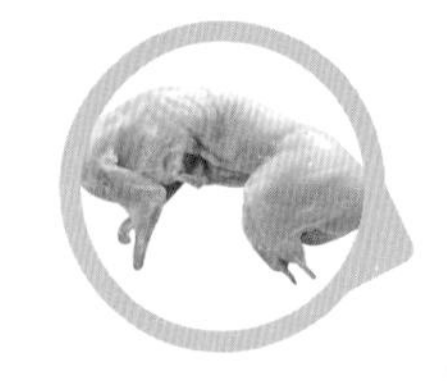

糯米

红枣和糯米搭配食用，可祛寒，健脾胃

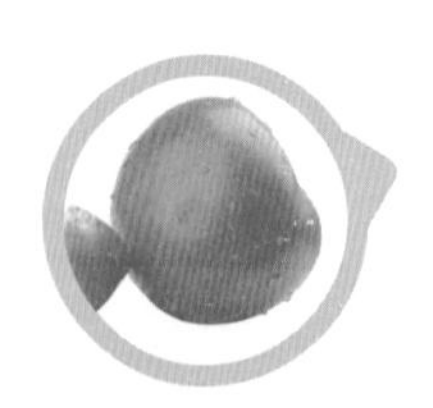

番茄

红枣和番茄搭配食用，可补虚健胃、益肝养血

牛奶

红枣和牛奶搭配食用，可补充丰富的蛋白质、脂肪、钙及维生素

大蒜

红枣不宜和大蒜搭配食用，易引起消化不良，产生便秘

鱼肉

红枣不宜和鱼肉搭配食用，会阻碍消化，引发腰腹疼痛

营养食谱推荐

山楂红枣汁

材料 山楂 100 克，红枣 100 克。

调料 冰糖适量。

做法

1 山楂洗净，去核，切碎；红枣洗净，去核，切碎。

2 将山楂、红枣放入果汁机中搅打，打好后倒入杯中，加入冰糖调匀即可。

营养师说

山楂和红枣一起榨汁，能帮助宝宝开胃、助消化，促食欲。

红枣花卷

材料 面粉 150 克，红枣 50 克。

调料 发酵粉 5 克，植物油适量。

做法

1 面粉、发酵粉加水和成面团，发酵好后揉透搓成长条，揪成剂子，擀成长片，刷一层植物油。

2 在面片两头分别放两颗枣，卷起，入锅蒸熟即可。

营养师说

红枣花卷养心气，益于脾胃健运，能帮助改善宝宝脾胃虚弱、胃动力不足的情况。

肉蛋奶

牛肉

让宝宝身体强壮的肉食

功　效　提高抗病能力、促进生长发育、补血、滋养脾胃

有效成分　牛肉脂肪含量低，蛋白质含量比猪肉丰富，它包含所有人体必需的氨基酸。牛肉中还含有能提高宝宝智力的亚油酸及锌、铁等元素。

热　量　669 千焦 /100 克可食部

挑选食材有妙招

新鲜牛肉有光泽、颜色均匀、红色稍暗，脂肪是白色或者淡黄色，不粘手，有弹性。

变质的牛肉颜色暗红、无光泽，有腐烂的气味，表面发黏、指压后不能够恢复。

Tips

将牛肉切小块或剁成肉末，炖煮软烂，让宝宝吃，这样不仅鲜美可口，而且营养流失少，适合宝宝食用。

新手妈咪DIY　做出宝宝爱吃的软烂牛肉

牛瘦肉的脂肪含量较猪瘦肉低，并富含铁质，比较适合宝宝食用，而且牛瘦肉又没有羊瘦肉的膻味，更适合宝宝的口味。但牛肉的纤维较粗糙，如果烹煮得不够软烂，则不易消化。

具体做法：取 25 克牛瘦肉，洗净，切末，放入锅中，倒入 125 克的清水熬煮至牛肉末烂熟，过滤出汤中的牛肉末，用杵棒捣成牛肉泥，将热肉汤倒入牛肉泥中调成糊状即可。

妈妈必知的红黑名单搭配

如果在牛肉中另外添加一些食材，就可以让宝宝吸收更多的营养。不过，不是所有的食材都适合与牛肉同食，妈妈们要注意啦。

大米

牛肉和大米搭配食用，具有强健筋骨、祛寒消肿的功效

枸杞子

牛肉和枸杞子搭配食用，具有滋阴养血的功效

小菠菜

牛肉和小菠菜搭配食用，具有健脑益智、润泽皮肤的功效

白萝卜

牛肉和白萝卜搭配食用，可提供丰富的蛋白质、维生素 C

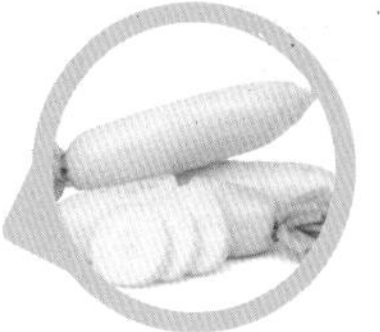

黑名单

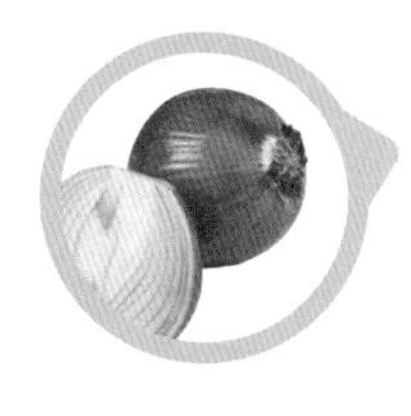

洋葱

牛肉和洋葱搭配食用，可形成互补，促进营养素的吸收

松子

牛肉和松子搭配食用，可消除疲劳

碱

牛肉不宜和碱搭配食用，碱会破坏牛肉中的蛋白质

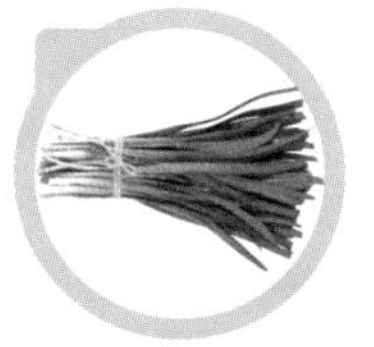

韭菜

牛肉不宜和韭菜搭配食用，易导致上火，出现牙龈炎、口疮等病症

营养食谱推荐

牛肉蔬菜粥

材料 牛肉40克，米饭100克，土豆、胡萝卜各20克。

调料 盐、高汤各适量。

做法

1 牛肉洗净，切碎；胡萝卜、土豆分别去皮，洗净，切小丁。

2 锅中放高汤煮沸，加牛肉末、胡萝卜丁和土豆丁，炖10分钟。

3 加米饭拌匀，煮10分钟。

4 加盐调味即可。

营养师说

牛肉和胡萝卜搭配，该食物中含丰富的维生素，同时也能促进蛋白质的吸收，提高抗病力。

豆腐烧牛肉末

材料 豆腐1块，卤牛肉100克。

调料 蚝油、生抽、盐、水淀粉、葱花、植物油各适量。

做法

1 豆腐用水冲一下，切小块；卤牛肉切末。

2 锅中倒入油加热，放入豆腐和牛肉碎炒香。

3 加入蚝油、生抽、盐，待豆腐入味后，大火收汤汁，用水淀粉勾芡，关火撒葱花即可。

营养师说

这道菜含有蛋白质、钙等营养成分，有提高免疫力、预防疾病、补钙强身的作用。

猪肝

宝宝的天然补铁食物

功　效 维持造血功能、促进宝宝智力发育、提高宝宝视力、抗疲劳

有效成分 猪肝中富含的维生素 A 具有维持正常生长和生理功能的作用，能保护眼睛，经常食用猪肝还能补充维生素 B_2。

热　量 531 千焦 /100 克可食部

挑选食材有妙招

新鲜的猪肝表面有光泽，颜色均匀，坚实有弹性，没有异味。

变质的猪肝颜色暗淡没有光泽，缺乏弹性，有腐败的气味。

Tips

猪肝宜煮熟后捣成肝泥或煲汤给宝宝食用，有利于宝宝对营养物质的吸收。

洗猪肝，干净没异味

猪肝是猪体内最大的解毒器官与毒物中转站，所以给宝宝吃的猪肝一定要清洗干净后再烹调，下面介绍一下清洗猪肝干净无异味的窍门。

具体做法：首先在猪肝表面撒些面粉，用手轻揉猪肝 5 分钟，其次用流动的清水冲洗干净，剔除猪肝上的白色筋状物质，再次用温水把猪肝浸泡 10 分钟，最后洗净就可以了！

妈妈必知的红黑名单搭配

如果在猪肝中另外添加一些食材，就可以让宝宝吸收更多的营养。不过，不是所有的食材都适合与猪肝同食，妈妈们要注意啦。

白菜

猪肝和白菜搭配食用，具有补血养颜、清肺养胃的功效

菠菜

猪肝和菠菜搭配食用，可预防贫血，促进生长

银耳

猪肝和银耳搭配食用，具有养肝明目的功效

胡萝卜

猪肝和胡萝卜搭配食用，具有补血、明目、养肝的功效

洋葱

猪肝和洋葱搭配食用，可形成互补，促进营养素的吸收

苋菜

猪肝和苋菜搭配食用，可增强免疫力

红枣

猪肝不宜和红枣搭配食用，它会使红枣中的维生素 C 氧化流失

番茄

猪肝不宜和番茄搭配食用，它会破坏维生素 C 功效

营养食谱推荐

肝黄粥

材料 猪肝30克，熟鸡蛋1个，大米40克。

调料 盐少许。

做法

1 将猪肝洗净切成泥，加盐腌渍10分钟。熟鸡蛋去皮，取出蛋黄，压成泥。将大米淘洗干净，加适量清水，放入锅中煮开，用小火继续煮成稀粥。

2 将肝泥、蛋黄泥加入稀粥中，煮3分钟即可食用。

营养师说

这款粥富含铁、维生素A、卵磷脂、B族维生素等营养物质，有保护眼睛、补铁、健脑的作用，还可帮助预防口角炎。

芝麻肝

材料 猪肝50克，鸡蛋1个，芝麻20克，面粉10克。

调料 姜末、盐各少许，植物油适量。

做法

1 将鸡蛋打散，搅拌均匀；猪肝洗净，切成小薄片，加盐、姜末腌渍一下，蘸上面粉、鸡蛋液和芝麻。

2 锅中放适量植物油烧至七成热，放入猪肝，炸熟后捞出即可。

营养师说

这道菜富含铁、维生素A等营养物质，能帮助补血、补肝、明目。

鸡蛋

价格低廉的婴幼儿营养库

功　　效　细胞修复、参与新陈代谢、促进生长发育、增长智力

有效成分　鸡蛋中含有丰富的易被宝宝身体吸收的卵黄磷蛋白、不饱和脂肪酸，以及钾、钠、镁、磷等矿物质，还含有维生素 A、维生素 B_2、维生素 B_6、维生素 D、维生素 E 等营养成分。

热　　量　581 千焦 /100 克可食部

挑选食材有妙招

新鲜的鸡蛋蛋壳完整，表面有一层白色粉末，用手摸有粗糙感、轻轻摇动没有声音，对蛋壳哈一口气能闻到淡淡的生石灰味。

陈蛋蛋壳表面光滑有光泽，用手晃动有声音。

Tips

有过敏症状的宝宝须 8 个月后才能吃蛋白。

新手妈咪 DIY　煮出营养好吃的嫩鸡蛋

嫩鸡蛋不但好吃，而且营养更易于宝宝吸收。喂给宝宝的鸡蛋切忌煮得过老，煮得过老的鸡蛋不仅口感硬，影响宝宝的食欲，同时蛋黄表面会形成灰绿色的硫化亚铁层，很难被宝宝消化吸收。

具体做法：鸡蛋用流动的清水洗净外壳，凉水下锅煮开后再煮 3 分钟，离火，在锅中闷 2 分钟即可。

妈妈必知的红黑名单搭配

如果在鸡蛋中另外添加一些食材，就可以让宝宝吸收更多的营养。不过，不是所有的食材都适合与鸡蛋同食，妈妈们要注意啦。

菜花

鸡蛋和菜花搭配食用，具有健脾和胃的功效

苦瓜

鸡蛋和苦瓜搭配食用，使铁质吸收更好，可强骨健齿

洋葱

鸡蛋和洋葱搭配食用，可促进营养物质的消化吸收

韭菜

鸡蛋和韭菜搭配食用，具有补肾、行气、止痛的功效

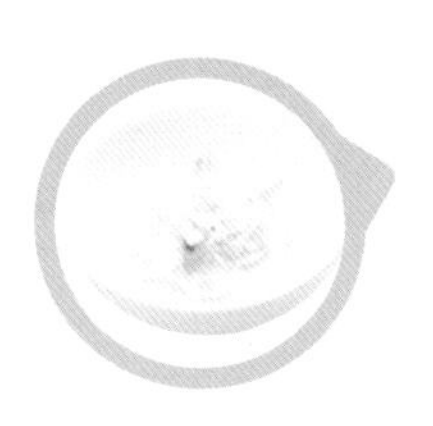

百合

鸡蛋和百合搭配食用，可清热补血

丝瓜

鸡蛋和丝瓜搭配食用，可消除体内燥热

茶叶

鸡蛋最好不和茶叶搭配，会刺激肠胃，影响消化

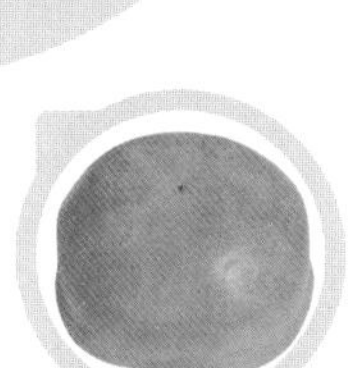

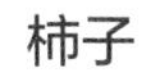

柿子

鸡蛋最好不和柿子搭配食用，容易形成结石

营养食谱推荐

海米鸡蛋羹

材料 鸡蛋1个，海米5克。

调料 香油适量。

做法

1 海米洗净，浸泡去咸味，捞出，切碎；鸡蛋洗净，磕入碗中，打散；蛋液中放入切碎的海米和适量清水搅拌均匀。

2 将搅打好的鸡蛋液放入蒸锅中，开火，待蒸锅中的水开后再蒸5~8分钟，取出淋上香油即可。

营养师说

海米含有丰富的钙，非常适合小宝宝补钙。

奶酪炒鸡蛋

材料 婴儿用奶酪1/4片，黄油5克，鸡蛋1个，牛奶15毫升。

调料 橄榄油少许。

做法

1 将婴儿用奶酪捣碎。

2 鸡蛋磕开，取蛋黄，搅匀成蛋液。

3 黄油蒸化后和奶酪、蛋黄、牛奶一起充分搅拌成汁液。

4 煎锅中放橄榄油烧热，放入搅好的汁液，边搅边炒，炒熟后关火盛出即可。

营养师说

奶酪和鸡蛋都含有丰富的蛋白质，而且奶酪奶香浓郁，更能丰富宝宝的口感。

牛奶

宝宝最好的钙质来源

功　效　补虚损、益肺胃、生津润肠

有效成分　牛奶中的钙含量高，是人体最好的钙质来源，牛奶所含的蛋白质包括酪蛋白、少量的乳清蛋白，品质非常好。

热　量　271 千焦 /100 克可食部

挑选食材有妙招

新鲜优质的牛奶有乳香味、颜色乳白、没有杂质、质地均匀。

变质牛奶乳香味不纯正、颜色不是纯净的乳白色、质地不均匀。

Tips

宝宝除了喝牛奶补充钙质外，还要经常到户外晒太阳，有利于促进维生素 D 的合成。

新手妈咪DIY　不丢营养的牛奶加热法

牛奶应加热后再喂给宝宝饮用，凉牛奶容易刺激宝宝的胃黏膜，而温热的牛奶宝宝更爱喝。加热牛奶看似简单，但是加热方法不得当就会破坏牛奶中的营养。主要有两种加热法：

1. 用水浸泡加热：将带有包装的牛奶放入 50 ℃左右的温水中浸泡 5~10 分钟即可，水温度不宜过高。

2. 微波炉加热：新鲜盒装奶必须先打开口，瓶装奶要先揭掉铝盖，加热数十秒即可，但该方法不适合无菌包奶，因无菌奶的复合包装材料中有铝膜层。

妈妈必知的红黑名单搭配

如果在牛奶中另外添加一些食材，就可以让宝宝吸收更多的营养。不过，不是所有的食材都适合与牛奶同食，妈妈们要注意啦。

李子

牛奶和李子搭配食用，可辅助调理食欲缺乏

粳米

牛奶和粳米搭配食用，具有补虚损、润五脏的功效

苹果

牛奶和苹果搭配食用，具有清凉解渴、生津除热的功效

芒果

牛奶和芒果搭配食用，可保护眼睛健康

蜂蜜

牛奶和蜂蜜搭配食用，具有清凉祛热、生津润喉的功效

木瓜

牛奶和木瓜搭配食用，具有明目清热、润肠通便的功效

果汁

牛奶最好不要和果汁搭配食用，会影响蛋白质的消化吸收

柑橘

牛奶最好不和柑橘搭配食用，牛奶中的蛋白质和柑橘中的果酸结合会使其凝固，影响吸收

营养食谱推荐

木瓜牛奶

材料 木瓜 400 克，牛奶 250 毫升。

调料 白糖 5 克。

做法

1 选取新鲜熟透的木瓜，去皮、籽，洗净，切成大块。

2 将木瓜块、牛奶、白糖一起放入榨汁机中打成果汁即可。

营养师说

木瓜本身容易引起孩子出现过敏反应，所以刚开始添加辅食的时候最好不要从木瓜开始，尽量在宝宝年龄稍微大一点之后从少量开始添加。如果不是过敏体质可以少量地食用。

酸奶牛肉球

材料 牛肉馅 100 克，酸奶 100 毫升，洋葱 50 克。

调料 盐 2 克，植物油适量。

做法

1 洋葱洗净，切末；牛肉馅加洋葱末、1 克盐搅匀，搓成圆球待用。

2 锅置火上，倒植物油烧热，放牛肉球用小火煎熟。

3 酸奶中加 1 克盐拌匀，淋在牛肉球上即可。

营养师说

酸奶中含有丰富的益生菌，可以健脾消食，和牛肉搭配更能促进钙的吸收。

水产类

黄鱼

宝宝的天然保健食品

功　　效 健脑补钙、促进生长发育

有效成分 黄鱼营养丰富，其蛋白质及钙、磷、碘等矿物质的含量均高于其他肉类，黄鱼中含有丰富的卵磷脂、不饱和脂肪酸、DHA等有益于宝宝大脑发育的营养成分。

热　　量 407 千焦 /100 克可食部

挑选食材有妙招

优质的黄鱼鱼嘴比较干净；鳃盖紧闭，不易抠开，鳃片鲜红带血；眼球凸起，黑白分明，表面发亮；鳞片紧贴鱼皮，不易掉鳞和剥皮；用手指按压鱼体，有硬度及弹性；鱼肉不离骨，内脏结构紧密完整、无臭味。

次品黄鱼嘴里较脏；眼睛塌陷，混浊发白；鱼鳞片松弛易脱落；鱼肉凹陷深而缺乏弹性；鱼体瘫软变形，鱼肚膨胀，肛门周围突出；内脏略散。

Tips

给宝宝做黄鱼肉宜用煮、蒸的方法烹调，这样更易于保留鱼肉中的营养。

新手妈咪DIY 让鱼肉的味道更鲜美

鱼肉肉质细嫩，易消化，对月龄小的宝宝尤为适宜。常食能促进发育，强健身体。给宝宝食用的黄鱼宜选用略带脂肪的鱼肚肉，吃起来嫩而不柴。但黄鱼的腥味较大，去腥很关键，这样宝宝才能接受鱼肉的味道。

具体做法：把去净鱼刺的黄鱼洗净，放入烧至温热的水中，淋入少许醋，烧至锅中的水沸腾，淋入适量的水淀粉，这样煮出的鱼肉会更鲜美，肉质更嫩滑，妈妈们赶紧试试吧！

妈妈必知的红黑名单搭配

如果在黄鱼中另外添加一些食材，就可以让宝宝吸收更多的营养。不过，不是所有的食材都适合与黄鱼同食，妈妈们要注意啦。

木瓜

黄鱼和木瓜搭配食用，可养阴补虚，对外伤出血有一定疗效

牛奶

黄鱼暖胃，牛奶补虚，两者搭配的营养效果更好

莼菜

黄鱼和莼菜搭配食用，具有开胃益气的功效

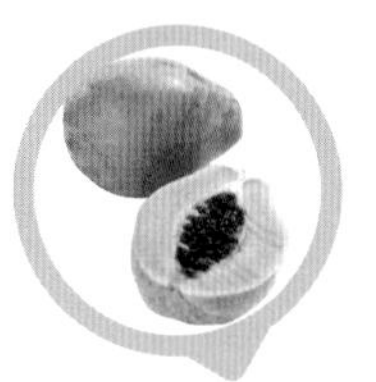

苹果

黄鱼和苹果同食有助于营养的全面补充

竹笋

黄鱼和竹笋搭配食用，具有生肌美肤、健身滋养的功效

乌梅

黄鱼和乌梅搭配食用，可提高机体免疫力

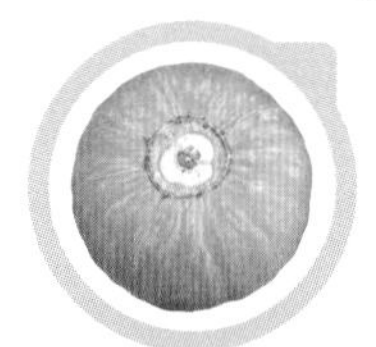

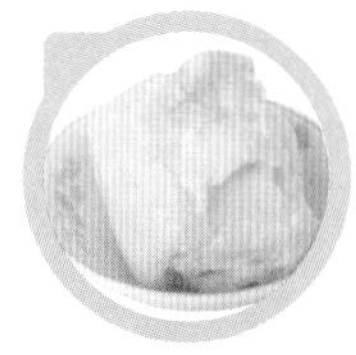

南瓜

黄鱼最好不要和南瓜搭配食用，容易导致消化不良

牛羊油

黄鱼最好不要和牛羊油搭配食用，会增加腥膻味

黄鱼煎饼

材料 净黄鱼肉 50 克，牛奶 30 克，洋葱 20 克，鸡蛋 1 个。

调料 淀粉 10 克，植物油、盐各适量。

做法

1 黄鱼肉去刺剁成泥，装入碗中；洋葱洗净，切碎，放入鱼肉泥碗中。

2 鸡蛋打散，搅拌均匀后，倒入鱼泥碗中，再加入牛奶、淀粉和盐搅拌均匀，调成鱼糊。

3 平底锅内加油烧热后，将鱼糊倒入锅中，煎成两面金黄即可。

营养师说

黄鱼煎饼富含优质蛋白质、钙、铁等，能帮助宝宝补钙强身、健脑益智。

鱼肉香糊

材料 黄鱼肉 50 克。

调料 盐、淀粉、鱼汤各适量。

做法

1 将黄鱼肉洗净，切条，蒸熟，去骨、刺和鱼皮，剁成肉泥状。

2 把鱼汤煮开，下入鱼肉泥，用淀粉略勾芡，用盐调味即可。

营养师说

鱼肉脂肪含量低，蛋白质含量高，而且易于消化，对人体有益的亚油酸含量也大大高于畜肉。海鱼中的肝油和体油 DHA 是宝宝大脑发育必需的营养物质。

虾
鲜美的补钙能手

功　效 提高食欲、增强体质、促进身体和视力发育

有效成分 虾肉肉质松软，易于消化。虾肉富含钙、磷、铁、硒等矿物质，虾中所含有的钙质对婴幼儿牙齿及骨骼的发育大有益处。虾肉中牛磺酸的含量较高。

热　量 343 千焦 /100 克可食部

挑选食材有妙招

新鲜的虾头部与身体连接紧密、外壳呈青灰色、清晰鲜明、肌肉紧实、身体有弹性、体表干净。

不新鲜的虾身体不完整、虾壳红色、身体没有弹性、发干发软。

Tips

海米通常含有较多的盐分，给宝宝烹调前宜用清水浸泡。

新手妈咪DIY 巧用牙签去虾线

虾背上的虾线是虾未排泄完的废物，吃到嘴里有泥腥味，不但会影响宝宝的食欲，还不卫生，所以应去掉。许多新手妈妈对如何去虾线很头疼。其实，只要学会了正确的操作方法，去虾线就变得非常简单了！

具体做法：准备一根干净的牙签，从虾头和虾身的连接处向下数第 3 个关节（虾头和虾身的连接算 1 个关节），用牙签穿过虾身，一手拿虾，一手拿牙签轻轻向外挑虾线，一般是靠近虾头一边的虾线会先挑出来，慢慢用手拽虾线，靠近尾部一端的虾线就会全部被拉出来了。

妈妈必知的红黑名单搭配

如果在虾中另外添加一些食材，就可以让宝宝吸收更多的营养。不过，不是所有的食材都适合与虾同食，妈妈们要注意啦。

白菜

虾和白菜搭配食用，具有清热解毒、润肠生津的功效

豆腐

虾和豆腐搭配食用，补钙壮骨效果好

油菜

虾和油菜搭配食用，可补充钙、铁和多种维生素

花生

虾和花生搭配食用，可形成磷酸钙，保护牙齿和骨骼

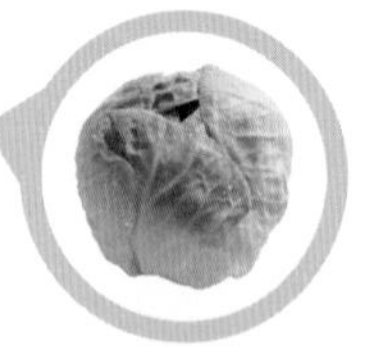

韭菜花

虾和韭菜花搭配食用，具有补益肝肾的功效

圆白菜

虾和圆白菜搭配食用，可帮助碘更好地被人体吸收

菠萝

虾最好不与菠萝搭配食用，会形成鞣酸钙，引起呕吐

果汁

虾最好不和果汁搭配食用，会造成虾腥味过重，破坏海鲜的味道

清蒸基围虾

材料 基围虾 200 克。

调料 盐 2 克，香菜段 10 克，葱末 3 克，酱油 5 克，香油少许。

做法

1 基围虾洗净，去头、壳和虾线，用盐、葱末腌渍；酱油加香油调成味汁。

2 将基围虾放入盘中，上笼蒸 15 分钟，取出撒上香菜段，食用时蘸调味汁即可。

营养师说

这道菜含有钙、优质蛋白质，能帮助补钙强身、增强体质、提高免疫力。

鲜虾蛋羹

材料 虾 50 克，鸡蛋 1 个。

调料 高汤 40 毫升，香菜 5 克，盐 1 克。

做法

1 虾处理干净沥干；鸡蛋打散，加高汤、盐、水搅拌均匀。取蒸碗，放入蛋汁八分满，并放一半虾仁。

2 水开后把蛋汁放进蒸笼蒸 5 分钟，放另一半虾仁，再蒸 3~5 分钟，至中央处以筷子插入不粘蛋汁为度，撒香菜装饰即可。

营养师说

这道菜含有钙、卵磷脂、优质蛋白质，能帮助宝宝补钙、提高免疫力和抗病力。

海带

宝宝摄取钙、铁的宝库

功　效　补充碘质、减少放射性伤害、调理肠胃、提高抵抗力

有效成分　海带的含碘量较高，还富含胆碱，可以帮助宝宝增强记忆力；每 100 克干海带中，含钙 348 毫克，含铁高达 4.7 毫克，而海带正是人类摄取钙、铁的宝库。

热　量　干海带 377 千焦 /100 克可食部；湿海带 65 千焦 /100 克可食部

挑选食材有妙招

优质的海带体质厚实、形状宽长、颜色浓绿或者紫中微微发黄、有光泽和弹性。

质量不好的海带体质不厚实、较碎，被化学物质浸泡的海带清洗后水会有颜色。

Tips

干海带食用前需要用清水泡发，但如果浸泡得时间过长，会使海带中的碘和甘露醇等营养物质大量流失。

新手妈咪 DIY　把海带烧得软烂的窍门

海带富含褐藻胶，不容易烧制出软烂的口感。营养如此丰富的食物，给宝宝吃又怕宝宝不好消化，这大概是许多新手妈妈的顾虑。其实，只要在烹制海带的时候加入一样神秘材料，就能把海带烧得口感软烂，宝宝也会爱吃。

具体做法：在煮海带时加少许食用碱或小苏打，但不可过多，煮软后，将海带放在凉水中冷却，清洗干净，然后捞出，或炒或拌或做汤，怎么吃口感都软烂！

妈妈必知的红黑名单搭配

如果在海带中另外添加一些食材，就可以让宝宝吸收更多的营养。不过，不是所有的食材都适合与海带同食，妈妈们要注意啦。

红名单

菠菜

海带和菠菜搭配食用，可维持钙和磷的平衡，强骨健齿

芝麻

海带和芝麻搭配食用，可养护皮肤

排骨

海带和排骨搭配食用，可滋润皮肤

豆腐

海带和豆腐搭配食用，可提高钙的吸收率

山楂

海带和山楂搭配食用，可解腻助消化

虾

海带和虾搭配食用，可补钙补碘，促进营养吸收

黑名单

猪血

海带最好不和猪血搭配食用，会导致便秘，影响消化

葡萄

海带最好不和葡萄搭配食用，会诱发腹痛、恶心、呕吐等症状

见此图标 微信扫码 | 手把手教你养育健康聪明好宝宝

营养食谱推荐

海带柠檬汁

材料 水发海带 150 克，柠檬 100 克。

调料 白糖少许。

做法

1. 水发海带洗净，切丁；柠檬去皮和籽，切丁。
2. 将海带丁、柠檬丁放入果汁机中，加饮用水搅打。
3. 加入适量白糖搅拌溶化即可。

营养师说

这款果汁含碘、维生素 C 等营养物质，能促进宝宝大脑发育。

海带冬瓜汤

材料 冬瓜 200 克，干海带 30 克。

调料 盐少许，葱段 10 克，香油适量。

做法

1. 将冬瓜洗净，去皮去瓤，切块；海带泡软洗净，切丝。
2. 锅置火上，倒适量清水，放入冬瓜、海带煮熟，出锅前撒上葱段，放少许盐调味，淋上香油即可。

营养师说

冬瓜清腻解暑，海带可以提高免疫力。

第2章

营养素食谱，宝宝的能量来源

扫码获取
- 婴儿护理
- 饮食喂养
- 科学早教
- 育儿贴士

碳水化合物 宝宝成长不可缺

碳水化合物也叫糖类，能为宝宝身体正常发育提供大部分热量，起到保持体温，促进新陈代谢，维持大脑、神经系统正常功能的作用。宝宝一切的内脏器官、神经、四肢以及肌肉等内外器官的发育与活动都必须得到碳水化合物的大力支持。

营养师建议

婴儿期的宝宝不能过多摄入碳水化合物，否则容易影响蛋白质和脂肪的摄入，引起宝宝虚胖和免疫力下降，容易感染各种传染性疾病。

妈妈要控制宝宝糖的摄入量。让宝宝适当减少饼干、糖的摄取量，在两餐之间不吃或少吃糖果零食。但可以在做了较多运动后吃点糖果零食，能补充运动消耗的热量。

加强对宝宝牙齿的保护。吃完糖后要让宝宝刷牙，还要定期带宝宝去口腔科检查牙齿，如发现问题可及时处理。

黄金搭档

蛋白质：碳水化合物和蛋白质同时补充，可以有效避免碳水化合物的过多摄入，避免肥胖的发生。

适宜摄入量

婴幼儿所需碳水化合物相比成人较多。1岁以内的宝宝每天每千克体重需要12克碳水化合物，2岁以内的宝宝每天每千克体重需要10克碳水化合物，成人碳水化合物的需要量为6克左右。每克糖能提供热量17千焦，每天碳水化合物提供的热量占总热量的35%～55%。

缺乏症状

- 宝宝会全身无力、精神疲乏不振。
- 有的宝宝会便秘。
- 由于热量不足，会引起体温下降。宝宝表现为在正常的温度下也怕冷。
- 宝宝如长期得不到足够的碳水化合物，身体发育会迟滞甚至停止，体重也会下降，须引起重视。

营养摄取途径

重点推荐食材

面粉 73.5 克

大米 77.2 克

小米 75.1 克

其他推荐食材

胡萝卜 8.8 克

甜瓜 6.2 克

香蕉 22 克

碳水化合物含量（每 100 克可食部分）

注：以上是按照适合婴幼儿食用的食材来推荐的，并非按照碳水化合物含量高低推荐。妈妈在选择碳水化合物食材时要根据宝宝的具体情况来决定，如果发现宝宝对某种食材有过敏现象，应立即停止食用。

营养食谱推荐

肉末海带面

材料 细面条 50 克，瘦肉末 15 克，海带丝 15 克，鸡蛋半个。

调料 葱花 3 克，香油少许。

做法

1 半个鸡蛋打散，搅匀。

2 水烧开，加入海带，把细面条弄成小段，下入锅中，加入瘦肉末，用小火煮熟，淋上鸡蛋液，煮熟后撒上葱花，淋上几滴香油即可。

营养师说

面条中含有较多淀粉，能为宝宝提供热量。海带中含较多的碘，能让宝宝更聪明。

补充能量
健脑益智

宝宝大脑发育的功臣

蛋白质是构成细胞、组织和器官的主要材料。在宝宝体内新陈代谢过程中起催化作用的酶，调节生长和代谢的各种激素以及有免疫功能的抗体都是由蛋白质构成的。此外，蛋白质对维持宝宝体内酸碱平衡和水分的正常分布都有重要作用。

营养师建议

婴幼儿的肝、肾功能较弱，如突然大量摄入高蛋白食物后，容易造成消化吸收障碍。此时，在肠道细菌的作用下，会产生大量的含氨类毒物，导致血氨骤然升高，并扩散到脑组织中，进而引起脑组织代谢功能发生障碍。

黄金搭档

蛋白质：补充蛋白质的同时，千万别忘了补充碳水化合物。因为后者是作为身体热量供应的主要来源，如果身体能量不足，蛋白质便会充当“替补”，这样反而会增加蛋白质的消耗，不利于身体的吸收。因此在补充蛋白质前要保证身体有足够的热量。

适宜摄入量

1. 母乳喂养的宝宝每天每千克体重需要蛋白质 2 克，配方奶喂养的宝宝每天每千克体重需要蛋白质 3.5 克。母乳每 100 毫升能提供蛋白质约 1.2 克，牛奶每 100 毫升能提供蛋白质约 3.3 克。由于母乳蛋白质氨基酸的组成优于牛奶，所以母乳蛋白质容易被吸收利用。每克蛋白质能提供热量 17 千焦，宝宝每天由蛋白质提供的热量占总热量的 8%～15%。

2. 脱离母乳的宝宝（1.5～3 岁）每天所需要的蛋白质是 25 克。

缺乏症状

- 宝宝生长发育变得缓慢。
- 身材不再生长，体重逐渐减轻，变得矮小。
- 宝宝可能会出现偏食、厌食的症状。
- 容易发生感冒、咳嗽等免疫力低下的症状。
- 皮肤出现伤口后愈合缓慢。

营养摄取途径

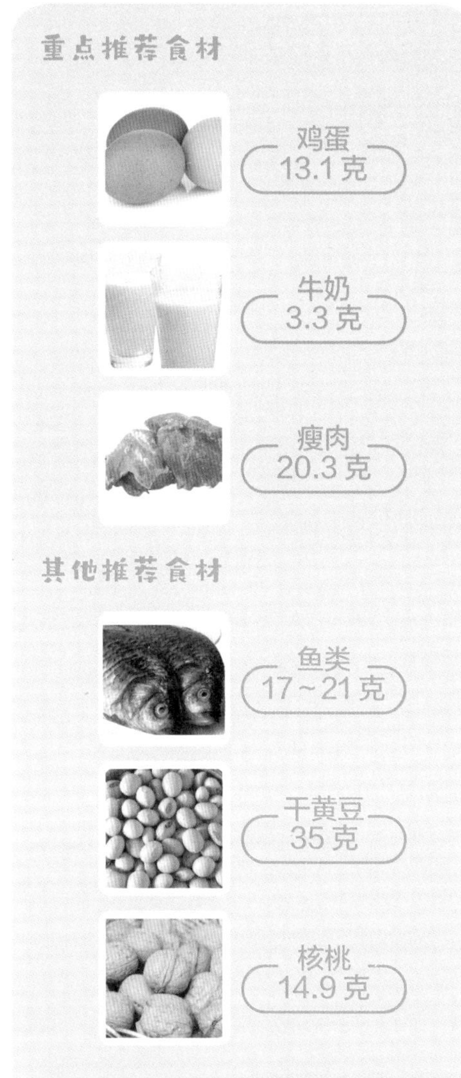

蛋白质含量（每 100 克可食部分）

注：以上是按照适合婴幼儿食用的食材来推荐的，并非按照蛋白质含量高低推荐。妈妈在选择蛋白质食材时要根据宝宝的具体情况来决定，如果发现宝宝对某种食材有过敏现象，应立即停止食用。

营养食谱推荐

鸡蛋玉米羹

材料 玉米粒 100 克，鸡蛋 1 个。

调料 盐 1 克。

做法

1 将玉米粒洗净，用搅拌机打成玉米蓉。

2 将鸡蛋打散成蛋液；将玉米蓉放沸水锅中不停搅拌，再次煮沸后，淋入鸡蛋液，加盐即可。

营养师说

做菜时，应该少放盐，这样既可以控制钠的摄入，同时因为鲜玉米粒吃起来甜甜的，也可以保持玉米羹鲜嫩的口感。

宝宝成长发育离不了

脂肪是构成身体组织的重要物质，能为宝宝提供热量和身体必需的脂肪酸。皮下脂肪有维持正常体温的作用，内脏器官周围的脂肪能缓和外力冲击，保护内脏。此外，脂肪还能促进脂溶性维生素 A、维生素 D、维生素 E、维生素 K 的吸收。

营养师建议

宝宝不能进食过多脂肪，否则容易引起肥胖、智力发育较同龄儿缓慢、运动能力差等表现。

冬天，身体需要较多的能量保暖。还有活动量大的时候，应该给宝宝多吃一些高脂肪食品。

黄金搭档

维生素 A、维生素 D：补充脂肪类食物的时候可以适量补充一些含有维生素 A、维生素 D 的食物，因为维生素 A、维生素 D 是脂溶性的，能够更好地被吸收。

适宜摄入量

婴儿每天每千克体重需要脂肪 4 克，1~3 岁的宝宝每天每千克需要脂肪 3 克。每克脂肪能提供能量 37.67 千焦，脂肪提供的热量占每天总热量的 35%~50%。

缺乏症状

- 宝宝身体消瘦，面无光泽，还会造成脂溶性维生素 A、维生素 D、维生素 E、维生素 K 的缺乏，从而产生相应的疾病。
- 宝宝的视力发育会受到严重影响，表现为视力功能较差，出现弱视等症状。

营养摄取途径

重点推荐食材

猪肉 30.1克

牛肉 8.7克

鸡肉 6.7克

其他推荐食材

鸡蛋 8.6克

大豆 16克

核桃 58.8克

脂肪含量（每100克可食部分）

注：以上是按照适合婴幼儿食用的食材来推荐的，并非按照脂肪含量高低推荐。妈妈在选择脂肪食材时要根据宝宝的具体情况来决定，如果发现宝宝对某种食材有过敏现象，应立即停止食用。

营养食谱推荐

花生排骨汤

材料 花生米50克，排骨200克。

调料 盐2克。

做法

1 排骨洗净，剁成块；花生米用清水泡洗干净。

2 花生米和排骨一起放入煲内，慢火煮1小时。

3 加少量盐，煮熟即可。

营养师说

猪排骨含有人体必需的优质蛋白质，尤其是丰富的钙质可维护骨骼的健康，且具有滋阴润燥、益精补血的功效。

让宝宝聪明又明目

DHA 是一种多元不饱和脂肪酸，对宝宝脑细胞分裂、神经传导、智力发育及免疫功能起着十分重要的作用。它能促进宝宝体内的血液流通顺畅，是大脑和视网膜的重要构成成分，有助于宝宝眼睛和大脑的发育。

营养师建议

每周妈妈要给宝宝吃一次深海鱼类，以保证对 DHA 的摄取。

DHA 容易氧化，最好与含维生素 C 和胡萝卜素等有抗氧化成分的食物一同摄取。此外，保健食品在保存时，也需要注意氧化问题。

黄金搭档

ARA、叶酸、钙、叶黄素：补充 DHA 的同时，宜吃些富含 ARA、叶酸、钙、叶黄素的食物，和前三者搭配食用能够合理补充营养。叶黄素则可以减缓 DHA 在体内的分解速度，同时能促进宝宝智力发育。

适宜摄入量

婴幼儿每天 DHA 的摄入量应为每千克体重 20 微克，早产儿 40 微克。一个体重 10 千克的宝宝每天需要 200 微克 DHA，相当于 20 克带鱼、鲑鱼或沙丁鱼的含量。

缺乏症状

- 宝宝生长发育迟缓。
- 智力发育受阻，出现智力障碍。
- 皮肤异常。
- 严重的会失明。
- 食欲不振并伴有疲乏、腹泻等症状。

营养食谱推荐

营养摄取途径

重点推荐食材

海参

金枪鱼

带鱼

其他推荐食材

鲈鱼

牡蛎

扇贝

注：以上是按照适合婴幼儿食用的食材来推荐的，并非按照DHA含量高低推荐。妈妈在选择DHA食材时要根据宝宝的具体情况来决定，如果发现宝宝对某种食材有过敏现象，应立即停止食用。

清蒸带鱼

材料 宽带鱼1条。

调料 料酒10克，盐2克，植物油适量。

做法

1 带鱼去头、尾、鳃和内脏等杂物后，洗净，切段。

2 将带鱼段加盐拌匀后，加入料酒，再蘸满植物油，放入盘中，上锅蒸20分钟即可。

营养师说

带鱼富含不饱和脂肪酸、卵磷脂、蛋白质等，对提高宝宝智力、促进大脑发育有很大作用；还可以使宝宝皮肤有弹性，头发黑亮。

促进宝宝脑细胞发育

卵磷脂是肝脏的保护伞，可以预防宝宝肝脏受到损害，还可以促进大脑发育，增强宝宝记忆力，让宝宝更聪明。同时，作为血液的“清道夫”，它还能清除、分解血管中堆积的废物，如胆固醇等。

营养师建议

哺乳妈妈要摄入足量的卵磷脂。这样可使乳汁增多，乳汁中的卵磷脂含量也随之增加，能更好地满足宝宝所需的营养。

黄金搭档

DHA： 大豆卵磷脂和 DHA 搭配食用，更能够促进宝宝大脑发育，增强宝宝记忆力。

适宜摄入量

只要哺乳妈妈和婴幼儿摄入足够种类的食物，就不必担心有缺乏的问题。同时，也不需要额外补充含有卵磷脂的营养品。5 个月以后添加辅食的宝宝可以从鸡蛋黄等食物中摄取身体所需的卵磷脂。

缺乏症状

- 注意力分散。
- 记忆力下降。
- 免疫力降低。
- 反应迟钝、理解力下降。

营养摄取途径

重点推荐食材

大豆

动物肝

蛋黄

其他推荐食材

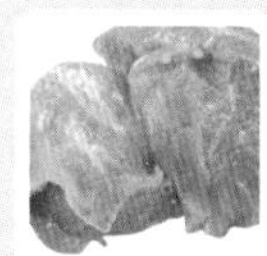

红肉

小鱼

注：以上是按照适合婴幼儿食用的食材来推荐的，并非按照卵磷脂含量高低推荐。妈妈在选择卵磷脂食材时要根据宝宝的具体情况来决定，如果发现宝宝对某种食材有过敏现象，应立即停止食用。

营养食谱推荐

香椿豆腐

材料 香椿芽20克，豆腐50克，肉末10克。

调料 植物油、盐、米酒各适量。

做法

1 香椿芽洗净，切碎；豆腐冲洗后压成豆腐泥。

2 锅内倒油烧热，下入香椿芽，爆香后下入肉末，然后放入豆腐，加入米酒，翻炒3分钟左右，加盐调味即可。

营养师说

香椿能清热化湿，豆腐佐食，可以去除肠胃湿热，增强宝宝食欲。

帮助宝宝骨骼补钙

维生素D是一种脂溶性维生素，能够在宝宝体内储存，因此不必每天补充。宝宝身体受紫外线照射后，皮肤中的胆固醇能转化为维生素D。维生素D能提高宝宝对钙、磷的吸收率，促进宝宝骨骼生长，保护牙齿健康，预防佝偻病。

营养师建议

不可摄取过量维生素D，否则会导致中毒。

当宝宝户外活动较多时，可以适当减少维生素D的摄入量。

维生素D最好能同维生素A、维生素C、胆碱、钙和磷搭配服用，营养功效会更佳。

新生儿最好能外出晒太阳，如果冬天出生的新生儿晒太阳的机会少，应口服浓缩鱼肝油或其他的维生素D制剂。

宝宝出生后第15天就需要补充维生素D制剂了，可以预防小儿佝偻病。

黄金搭档

钙：服用钙片的同时补充维生素D，可以促进钙的吸收。

适宜摄入量

维生素D适宜的摄入量是：从宝宝出生后半个月开始到2周岁，每天摄入10微克；而对于有明显的维生素D摄入不足表现的婴幼儿来说，根据医生处方，短期口服大剂量的维生素D也是安全的。

缺乏症状

- 易激怒、爱哭闹、睡眠不好、多汗。
- 颅骨软化，用手指按压枕骨或顶骨中央会内陷，松手会弹回，多见于3~6个月的宝宝。
- 易患小儿佝偻病，如肋骨外翻、肋骨串珠、鸡胸、漏斗胸、O形腿、X形腿等。
- 近视或视力减退。
- 出生后10个月甚至1岁才开始长牙，且齿质不坚、牙齿松动、缺乏釉质，易患龋齿等。

营养摄取途径

重点推荐食材

鱼肝油

蛋黄

牛奶

其他推荐食材

胡萝卜

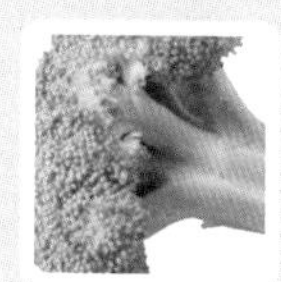

西蓝花

菠菜

注：以上是按照适合婴幼儿食用的食材来推荐的，并非按照维生素D含量高低推荐。妈妈在选择维生素D食材时要根据宝宝的具体情况来决定，如果发现宝宝对某种食材有过敏现象，应立即停止食用。

营养食谱推荐

五彩菠菜

材料 菠菜100克，鸡蛋2个，熟火腿、冬笋、水发木耳各25克。

调料 姜末3克，盐2克，香油少许。

做法

1 菠菜洗净，焯熟，过凉沥干，切小段；冬笋去皮，切丁，煮熟；水发木耳煮熟，切丁；火腿切丁。

2 鸡蛋磕入碗中，加盐打散，搅匀，用小火蒸成蛋羹，切丁；将菠菜段、蛋羹丁、火腿丁、冬笋丁、木耳丁放在一起，加盐拌匀。

3 姜末用热香油炸一下，倒入混合食材中搅拌即可。

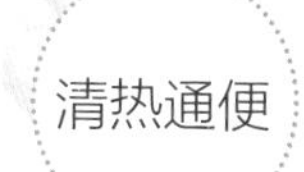

让宝宝的神经系统正常发育

维生素 E 具有抗氧化功能，易溶于油脂及其他溶剂，是人体不能合成的必需脂溶性维生素。它能促进宝宝牙齿健全，有利于宝宝的骨骼发育和正常成长，是宝宝生理功能正常运作所不可或缺的物质。

营养师建议

人工喂养的宝宝要注意维生素 E 的补充。因为母乳中维生素 E 的含量为 2~5 毫克 / 升，市场上配方奶维生素 E 的含量不稳定，有的含量多，有的含量少，因此对于含量不足的要酌情给宝宝补充维生素 E。

不宜摄入过量的维生素 E，否则会导致宝宝出现皮肤皲裂、视力模糊、唇炎、口角炎、呕吐、胃肠功能紊乱、腹泻、免疫力下降、伤口不易愈合等中毒现象。

维生素 E 的吸收受饮食中脂肪含量的影响。因此，宝宝应摄入足量的脂肪。

黄金搭档

脂肪：补充维生素 E 时，可以适量吃一些富含脂肪的食物。因为维生素 E 是脂溶性维生素，所以摄入脂肪可以帮助其更好地被溶解吸收。

适宜摄入量

婴儿期维生素 E 每天推荐的供给量为：0.5 岁以内的宝宝为 3 毫克 / 天；0.5~1 岁的宝宝为 4 毫克 / 天；1~3 岁的宝宝为 6 毫克 / 天。

缺乏症状

- 生长迟缓。
- 皮肤粗糙、干燥、缺乏光泽，容易脱屑。
- 肌肉、肝脏、骨髓和脑功能异常。
- 易患轻度溶血性贫血和脊髓小脑变性症。
- 易患渗出性病变，这是一种毛细血管渗透性障碍，可以导致骨骼肌萎缩，并伴有心肌病。

营养摄取途径

维生素 E 含量（每 100 克可食部分）

注：以上是按照适合婴幼儿食用的食材来推荐的，并非按照维生素 E 含量高低推荐。妈妈在选择维生素 E 食材时要根据宝宝的具体情况来决定，如果发现宝宝对某种食材有过敏现象，应立即停止食用。

营养食谱推荐

核桃花生牛奶羹

材料 核桃仁、花生米各 50 克，牛奶 50 毫升。

调料 白糖 2 克。

做法

1 将核桃仁、花生米炒熟，研碎。

2 锅置火上，倒入牛奶大火煮沸后，下入核桃碎、花生碎，稍煮 1 分钟，再放白糖烧至化开即可。

营养师说

这道羹含有维生素 E、卵磷脂等营养，能促进孩子大脑的发育。

宝宝智力发育的维护者

维生素 B_1 在碳水化合物代谢过程中起着辅酶的作用，可以帮助糖分解成水和二氧化碳，同时释放能量；维生素 B_2 主要参与物质代谢，促进细胞的氧化；维生素 B_6 能协助宝宝产生抗体，调节中枢神经系统，稳定宝宝情绪。

营养师建议

维生素 B_1 对热敏感，烹调时要注意不要将食材加热过久。大米富含维生素 B_1，淘米时要快速淘洗，水温不要过高，更不要用热水烫洗，以防维生素 B_1 损失过多。

维生素 B_6 易溶于水，所以在烹煮富含维生素 B_6 的食材时，应避免使用太多的水，这样可以预防维生素 B_6 流失过多。

黄金搭档

烟酸：维生素 B_2 与维生素 B_6、维生素 C 及烟酸一起摄取，效果更佳。

适宜摄入量

维生素 B_1：建议 0~1 岁宝宝每天维生素 B_1 的摄取量为 0.1~0.3 毫克，1~3 岁宝宝每天摄入量为 0.6 毫克。

维生素 B_2：建议 0~1 岁的宝宝每天摄取维生素 B_2 的量为 0.4~0.5 毫克，1~3 岁的宝宝每天摄取维生素 B_2 的量为 0.6 毫克。

维生素 B_6：建议 0~1 岁的宝宝每天摄入维生素 B_6 的量为 0.2~0.4 毫克，1~3 岁的宝宝每天摄入维生素 B_6 的量为 0.6 毫克。

缺乏症状

- 维生素 B_1 缺乏：烦躁、记忆力下降，食欲不振、消化不良、腹泻或便秘、尿少，严重时宝宝可能会视神经发炎 、中枢神经受损。
- 维生素 B_2 缺乏：口角裂纹、口腔黏膜溃疡、嘴唇肿胀，容易患消化道疾病，导致发育不良。
- 维生素 B_6 缺乏：学习能力下降，容易患眼疾、神经炎、关节炎、神经性心脏病等疾病，严重的会出现婴儿癫痫症。

营养食谱推荐

营养摄取途径

重点推荐食材

猪肝 2.02 毫克

蛋黄 0.29 毫克

油菜 0.05 毫克

其他推荐食材

黄豆 0.22 毫克

菠菜 0.11 毫克

糙米 0.04 毫克

维生素 B_2 含量（每 100 克可食部分）

注：以上是按照适合婴幼儿食用的食材来推荐的，并非按照维生素 B_2 含量高低推荐。妈妈在选择维生素 B_2 食材时要根据宝宝的具体情况来决定，如果发现宝宝对某种食材有过敏现象，应立即停止食用。

花生大米粥

材料 带衣花生米 30 克，大米 50 克。

做法

1 将花生米捣烂；大米淘洗干净。

2 将花生碎和大米放入锅中，大火煮开，转小火熬煮至粥熟即可。

营养师说

花生米富含维生素 B_1、蛋白质和不饱和脂肪酸，有醒脾开胃的功效。

宝宝不贫血，气色好、身体棒

叶酸最基本的功能是在形成亚铁血红素时，扮演胡萝卜素运送者的角色，能帮助红细胞和细胞内生长素的形成。此外，叶酸对宝宝的神经发育有着促进作用。

营养师建议

如果与维生素 C 同服，叶酸在胃肠中的吸收会被抑制，因此服用维生素 C 时应增大叶酸的摄入量。

食材中所含的叶酸在煮沸、加热烹调过程中，容易遭到破坏。所以，要尽量缩短食材的加热时间。

高温、暴晒和长时间放置于室温中都会破坏食材中的叶酸，因此，富含叶酸的食材最好现吃现买。

黄金搭档

维生素 E： 食用富含叶酸的食材时，宜同时吃些富含维生素 E 的食材，维生素 E 可以促进叶酸的吸收。

适宜摄入量

0~1 岁宝宝每天对叶酸的需求量为 65~100 微克；1~3 岁的宝宝每天对叶酸的需求量为 160 微克。

缺乏症状

- 发育不良，头发变灰，脸色苍白，身体无力。
- 心智发育迟缓、健忘、易怒、神经焦虑、嗜睡、精神萎靡。
- 白细胞和血小板减少。
- 出现贫血、口疮等问题。
- 出现食欲减退、腹胀、腹泻等消化道障碍。

在烹调含有叶酸的食材时应尽量缩短加热的时间，以免叶酸遭到破坏。

营养摄取途径

重点推荐食材

肝脏 352 微克

蛋黄 146 微克

菜花 30 微克

其他推荐食材

胡萝卜 20.4 微克

橘子 52.9 微克

面粉 113.7 微克

叶酸含量（每100克可食部分）

注：以上是按照适合婴幼儿食用的食材来推荐的，并非按照叶酸含量高低推荐。妈妈在选择叶酸食材时要根据宝宝的具体情况来决定，如果发现宝宝对某种食材有过敏现象，应立即停止食用。

营养食谱推荐

菠菜鸡肝泥

材料 菠菜20克，鸡肝2块。

做法

1 鸡肝清洗干净，去膜、去筋，剁碎成泥状。
2 菠菜洗净后，放入沸水中焯烫至八成熟，捞出，晾凉，切碎，剁成蓉状，将鸡肝泥和菠菜蓉混合搅拌均匀，放入蒸锅中大火蒸5分钟即可。

营养师说

鸡肝和菠菜都含有叶酸，而且鸡肝中含较多铁质，宝宝多食能预防缺铁性贫血；鸡肝和菠菜中还含维生素A，可以使宝宝的眼睛明亮。

令宝宝骨骼壮、牙齿健

钙是人体内含量最丰富的矿物质，是骨骼和牙齿的重要组成成分，它可以维持神经、肌肉的兴奋性，完成神经冲动的传导，参与心肌、骨骼肌及平滑肌的收缩及舒张活动，维持细胞的通透性，并有镇静、安神的作用。同时，它也是多种酶的激活物。

营养师建议

每天可以吃适量钙片辅助补钙，尤其是对喝奶过敏、缺乏运动的宝宝。

有缺锌症状的宝宝应慎重服用钙剂，应以食补为主，因为钙会抑制人体对锌元素的吸收。

补钙不要与吃饭混在一起，会影响钙的吸收，特别是草酸含量高的食物，摄入过多会大大影响钙的吸收，比如洋葱、苋菜等。

补钙的同时还要补充鱼肝油。鱼肝油富含维生素 D，能促进宝宝对钙的吸收。

让宝宝多晒晒太阳，能很好地补充维生素 D，这样能使宝宝吃饭摄入的钙质被更好地吸收。宝宝晒太阳时不要隔着玻璃，并且要根据气温的变化选择合适的时间。

黄金搭档

维生素 D、镁、锌：钙与维生素 D 是一对好搭档，两者能够相互促进。另外，镁、锌等物质也有助于机体对钙质的吸收。

适宜摄入量

0~6 个月的宝宝每天 200 毫克，7 个月~1 岁的宝宝 250 毫克，1~3 岁的宝宝需要 600 毫克。每 100 毫升配方奶粉中一般含 40~60 毫克钙。

缺乏症状

- 白天烦躁、坐立不安，晚上不易入睡或不易进入深睡状态，入睡后爱啼哭、易惊醒、多汗，精神不稳定。
- 指甲脆弱，呈灰白色或有白痕。
- 厌食、偏食，牙齿生长缓慢、发育不良。
- 免疫力低下，容易感冒等。
- 容易得佝偻病、X 形腿、O 形腿、鸡胸等。

营养摄取途径

重点推荐食材

海米
991 毫克

牛奶
107 毫克

豆腐
113 毫克

其他推荐食材

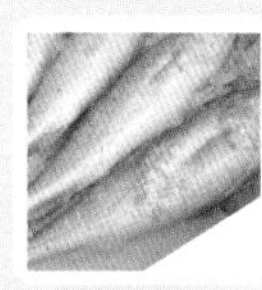

大黄花鱼
53 毫克

海带
241 毫克

钙含量（每 100 克可食部分）

注：以上是按照适合婴幼儿食用的食材来推荐的，并非按照钙含量的高低推荐。妈妈在选择含钙食材时要根据宝宝的具体情况来决定，如果发现宝宝对某种食材有过敏现象，应立即停止食用。

营养食谱推荐

豆腐皮鹌鹑蛋

材料 鹌鹑蛋 200 克，豆腐皮 75 克，火腿末、香菇各 25 克。

调料 葱花、姜末各 3 克，盐 2 克。

做法

1. 豆腐皮润湿回软，切碎；鹌鹑蛋打入碗中；香菇泡发，洗净切丝。
2. 油烧至八成热，葱花、姜末爆出香味，倒入蛋液炒至凝结，添水煮开，放入豆腐皮、香菇丝，加盐，中火焖烧 5 分钟，撒火腿末，搅拌均匀，用蒸锅大火蒸 5 分钟。

营养师说

这道菜富含优质蛋白质、钙、维生素 D 等，能提供宝宝生长所需的营养，助力健康发育。

助力成长

宝宝血液的缔造者

铁是人体内含量较为丰富的微量元素，是造血的主要原料，对预防并调理缺铁性贫血有明显的作用；铁可以使宝宝保持健康的肤色，促进宝宝的生长发育，提高抵抗疾病的能力；为宝宝的脑细胞提供营养素和充足的氧气。

营养师建议

乳汁中铁含量相对较低，不能满足 6 个月以上宝宝的需求，因此宝宝在这一时期最容易缺铁，应该注意每天从其他膳食中补充。

如果服用铁质营养补充剂，最好不要马上喝奶，因为奶可能抑制铁质的吸收。

铁补充剂不宜在饭前服用，因为铁剂对胃黏膜有刺激，饭前服用不利于胃对食物的消化吸收。

使用铁质炊具烹调可增加食物中铁的含量，但尚不能确定人体对来自铁质炊具的铁与食物中自然存在的铁有相同的利用率。

不能用铁锅煮山楂等酸性食物，也不要长时间将酸性食物存放在铁容器内，以免在酸性条件下铁元素大量释放进入食物中。

黄金搭档

维生素 C：维生素 C 能促进铁元素的吸收，因此进食富含铁的食物的同时，应该添加含维生素 C 较多的食物。

适宜摄入量

我国 6 个月以上的宝宝每天铁的参考摄取量为 9~10 毫克。

缺乏症状

- 皮肤苍白、经常头晕耳鸣、反应迟钝、疲乏无力、食欲不振、腹胀腹泻、恶心呕吐、呼吸困难。
- 经常哭闹、夜间啼哭，易惊醒、不易入睡，易出现呼吸道感染、体重较轻等问题。
- 缺铁的宝宝一般患有贫血、口角炎、舌炎等。
- 偏食、异食癖（喜欢吃土块、煤渣等），并伴有便秘。

营养摄取途径

重点推荐食材

猪肝 23 毫克

蛋黄 7 毫克

瘦肉 3 毫克

其他推荐食材

海带 3 毫克

黑木耳 97 毫克

大黄花鱼 0.7 毫克

铁含量（每 100 克可食部分）

注：以上是按照适合婴幼儿食用的食材来推荐的，并非按照铁含量高低推荐。妈妈在选择铁食材时要根据宝宝的具体情况来决定，如果发现宝宝对某种食材有过敏现象，应立即停止食用。

营养食谱推荐

猪肝胡萝卜粥

材料 大米、胡萝卜、猪肝各 30 克。

调料 葱碎适量。

做法

1 猪肝洗净，切碎；大米淘净；胡萝卜洗净，切碎。

2 大米倒入锅中，加水煮粥，待粥煮熟时，加入猪肝和胡萝卜碎熬熟，撒葱花稍煮即可。

营养师说

这道菜具有补肝明目的功效，很适合身体虚弱的宝宝食用。

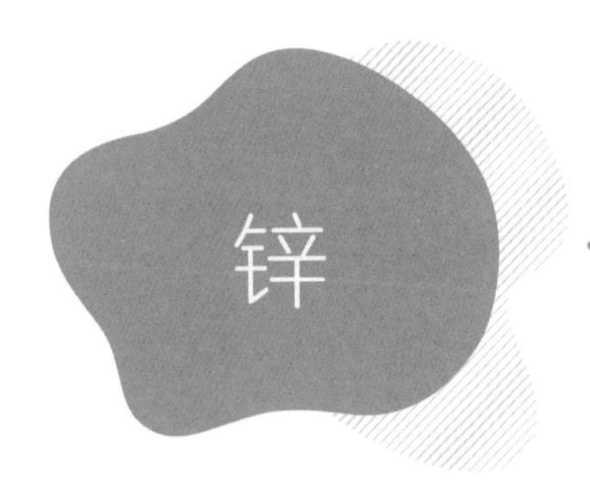

锌 令宝宝过目不忘

锌能参与宝宝对食物的消化，促进宝宝的食欲，增加味觉；对宝宝的智力发育起着举足轻重的作用；可以提高宝宝的反应能力和免疫力；促进伤口的愈合；促进性器官、性机能的正常发育；维护正常视力和肌肤的完整性。

营养师建议

母乳喂养的宝宝一般不用特别补锌。在日常的饮食中，宝宝如果没有挑食、偏食的现象，一般不会缺锌。

给宝宝补锌时，不能盲目使用含锌的补品或药品，最好在平时注意多让宝宝食用含锌的食物。

有研究表明，味精可能是导致宝宝缺锌的重要原因，建议正在哺乳的妈妈和宝宝尽量避免摄入味精。

黄金搭档

维生素 A、维生素 D： 食用富含锌的食物时，可以多食用含维生素 A、维生素 D 的食物，可促进锌元素的吸收。

适宜摄入量

1~6 个月的宝宝每天 2 毫克，7~12 个月的宝宝每天 3.5 毫克，1~3 岁的宝宝每天 4 毫克，分别相当于 2 克、3.5 克、4 克牡蛎中锌的含量。

缺乏症状

- 短期内反复感冒，患支气管炎或肺炎。
- 味觉减退、口腔溃疡反复发作、食欲差、挑食、厌食、过分素食、异食（吃墙皮、土块、煤渣等）、明显消瘦。
- 生长发育迟缓、身材矮小、智力发育不良（侏儒症）。
- 易激动、脾气大、多动、注意力不能集中、记忆力差，甚至影响智力发育。
- 视力低下、视力减退、暗适应能力差，甚至患夜盲症。
- 头发枯黄、易脱落。

营养摄取途径

重点推荐食材

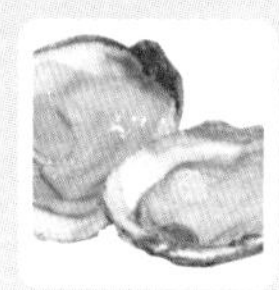

牡蛎 9毫克

扇贝 12毫克

牛肝 5毫克

其他推荐食材

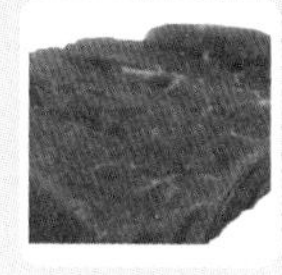

牛肉 5毫克

鸡肉 1毫克

花生 3毫克

锌含量（每100克可食部分）

注：以上是按照适合婴幼儿食用的食材来推荐的，并非按照锌含量高低推荐。妈妈在选择锌食材时要根据宝宝的具体情况来决定，如果发现宝宝对某种食材有过敏现象，应立即停止食用。

营养食谱推荐

牡蛎南瓜羹

材料 南瓜200克，鲜牡蛎150克。

调料 盐、葱丝、姜丝各适量。

做法

1 南瓜去皮、瓤，洗净，切成细丝；牡蛎洗净，切成丝。

2 汤锅置火上，加入适量清水，放入南瓜丝、牡蛎丝、葱丝、姜丝，加入盐调味，大火烧沸，改小火煮，盖上锅盖熬成羹状，关火，搅匀即可。

营养师说

牡蛎是含锌量最丰富的食物之一，而且味道鲜美，是宝宝补充锌元素的最佳食品之一。南瓜中则含有较丰富的膳食纤维，能促进宝宝消化。

宝宝眼睛的保护神

硒是宝宝必不可少的一种微量元素，它能与有毒性的重金属结合，使宝宝远离重金属和其他有毒、致癌物质的侵害；它能保护宝宝眼睛的细胞膜，起到保护视力和健全视觉器官的作用；它还可以提高宝宝的免疫力。

营养师建议

食物中硒的含量会受到土壤含硒量的影响，缺硒地区和富硒地区中食物含硒量可能有很大差异，而我国低硒地区占全国总面积的 72%，所以如果想了解食物中含硒量时应注意其产地。

黄金搭档

维生素 A、维生素 C、维生素 E：补充硒的同时，也要多吃一些富含维生素 A、维生素 C、维生素 E 的食品，这些食品可以促进硒的吸收。

适宜摄入量

一般来说，宝宝1~6个月时，每天硒的需要量参考值为15微克；7~12个月时，每天硒的需要量参考值为 20 微克；1~3 岁时，每天硒的需要量参考值为 25 微克。

缺乏症状

- 视力减退。
- 精神萎靡不振。
- 营养不良，发育受阻。
- 抵抗力下降，容易患感冒。
- 容易患假白化病。
- 严重时可能会导致婴儿猝死。

营养摄取途径

硒含量（每 100 克可食部分）

注：以上是按照适合婴幼儿食用的食材来推荐的，并非按照硒含量高低推荐。妈妈在选择硒食材时要根据宝宝的具体情况来决定，如果发现宝宝对某种食材有过敏现象，应立即停止食用。

营养食谱推荐

干贝蒸蛋

材料 鸡蛋 1 个，干贝 20 克。

调料 葱末 3 克，酱油 2 克，盐 1 克。

做法

1 干贝泡软后撕碎；鸡蛋打散。

2 将干贝连同泡汁及盐一同加入鸡蛋液中拌匀，放入蒸笼中，小火蒸 10 分钟。

3 在蒸好的蛋中淋上酱油，撒上葱花即可。

营养师说

这道菜含有硒、优质蛋白质、锌等营养物质，能帮助宝宝补充能量，还能增强记忆力。

宝宝不缺碘，聪明又健康

碘能促进宝宝的生长发育，提高宝宝的学习能力；能促进宝宝头发、指甲、牙齿和皮肤的健康发育；能帮助宝宝产生更多的能量，让宝宝精力更加充沛；碘参与甲状腺素的合成，甲状腺素能促进宝宝身体新陈代谢。

营养师建议

宝宝补碘首选食补，如果确实需要补充碘制剂，须在医生指导下补充，因为补碘过量容易导致高碘性甲状腺肿大。

黄金搭档

胡萝卜素： 碘适合和胡萝卜素搭配食用。当碘维持着甲状腺素的正常分泌、人体内的胡萝卜素转化为维生素 A、核糖体合成蛋白质时，肠内碳水化合物才能顺利吸收。

适宜摄入量

一般来说，0~6 个月的宝宝碘的需要量为每天 85 微克，7~12 个月的宝宝为每天 115 微克，1~3 岁的宝宝为每天 90 微克。

缺乏症状

- 容易出现甲状腺肿大和甲状腺机能减退。
- 身体和心智发育会出现障碍，很有可能导致先天性痴呆症。
- 头发会干燥，容易出现肥胖、代谢迟缓等症状。

营养摄取途径

重点推荐食材

干海带
36240 微克

干紫菜
4323 微克

其他推荐食材

海米
489 微克

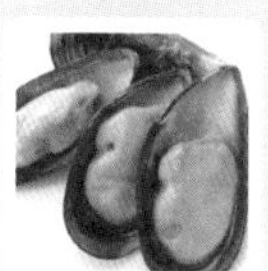

淡菜
346 微克

木耳
59.3 微克

碘含量（每 100 克可食部分）

注：以上是按照适合婴幼儿食用的食材来推荐的，并非按照碘含量高低推荐。妈妈在选择碘食材时要根据宝宝的具体情况来决定，如果发现宝宝对某种食材有过敏现象，应立即停止食用。

营养食谱推荐

紫菜豆腐汤

材料 紫菜 5 克，豆腐 100 克。

调料 盐 2 克。

做法

1 紫菜剪成粗条。

2 豆腐洗净，切成小方块备用。

3 锅内加入适量水，烧沸后，再加入豆腐块与紫菜条同煮，最后加盐调味即可。

营养师说

紫菜豆腐汤富含碘、优质蛋白质等，能促进宝宝生长发育，健脑益智。

促进生长发育

钾 让宝宝大脑更灵活

钾是宝宝生长和发育所必需的元素，能维持神经肌肉的正常功能和应激性，协助肌肉正常收缩，维持宝宝身体的酸碱平衡；能有效利用蛋白质来修复宝宝体内被破坏的组织；能增加大脑氧气的供应量，让宝宝的大脑更灵活。

营养师建议

钾广泛分布在各种食物中，动物组织内钾的浓度相当恒定，但是脂肪含量高的组织含钾量反而较低。

食品加工过程会增加钠而减少钾的含量，所以，含钾较多的饮食是那些未加工的食物。

适宜摄入量

宝宝每天摄取钾的量可以参考以下数据：0~6个月的宝宝每天为350毫克，6~12个月的宝宝为550毫克，1~3岁的宝宝每天为900毫克，4~6岁的宝宝每天为1200毫克。

缺乏症状

- 精力和体力下降，而且耐热能力也会降低，最突出的表现就是四肢酸软无力。
- 严重时还会导致人体内酸碱平衡失调、代谢紊乱、心律失常，且伴有心血管系统功能障碍，如胸闷、心悸，甚至会出现呼吸肌麻痹、呼吸困难等症状。

看，不缺钾的宝宝看上去是不是像一个小精灵呢？

营养摄取途径

重点推荐食材

香蕉 256 毫克

橙子 159 毫克

土豆 347 毫克

其他推荐食材

枣 375 毫克

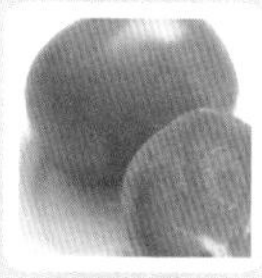

番茄 179 毫克

芹菜 212 毫克

钾含量（每 100 克可食部分）

注：以上是按照适合婴幼儿食用的食材来推荐的，并非按照钾含量高低推荐。妈妈在选择钾食材时要根据宝宝的具体情况来决定，如果发现宝宝对某种食材有过敏现象，应立即停止食用。

营养食谱推荐

飘香豆笋

材料 黄豆、干笋各 50 克。

调料 高汤 100 毫升，葱末、姜末、蒜末各 5 克，白糖 2 克，盐、酱油、植物油适量。

做法

1 黄豆洗净，用温水泡至涨发后捞出沥干；干笋用清水浸泡至软后，切小丁，用少许盐和酱油略腌。

2 锅内倒油烧热，爆香葱末、姜末、蒜末，放入黄豆、笋丁、酱油、盐、白糖略炒，加入高汤，烧至黄豆软嫩易食、汤汁入味即可。

营养师说

这道菜含优质蛋白质、钾等营养物质，能帮助消化，预防便秘。

宝宝造血功能的辅助者

虽然人体内铜的含量微乎其微，但是它有着惊人的催化本领。它存在于红细胞内外，可以促进铁进入造血的骨髓之中，在造血过程中扮演着催化剂的重要角色；铜还可以增强宝宝免疫力，促进宝宝骨骼的生长发育。

营养师建议

据专家研究，铜的摄入量与宝宝的身高有关，因此要想宝宝身高发育正常，家长就要注意调配膳食，增加富含铜的食物。

宝宝摄入铜过量会出现失眠、反应迟钝等问题，严重的还会导致宝宝智力低下。

黄金搭档

蛋白质： 富铜食物宜与高蛋白食物搭配同食。食物中的铜是体内许多金属酶的组成成分，而这些酶也都是铜与蛋白质的结合体。在体内，铜与蛋白质形成的血浆铜蓝蛋白能促进食物中铁的吸收和机体内储备铁的利用，体现了铜与蛋白质的结合与协同。

适宜摄入量

一般情况下，0~3 岁宝宝铜每天的推荐摄入量为 0.3 毫克。

缺乏症状

- 铜缺乏性贫血，症状为肤色苍白、头晕、精神萎靡，严重时会引起视觉减退，反应迟钝，动作缓慢。
- 部分宝宝会出现食欲不振、腹泻、肝脾肿大等病症。
- 铜缺乏性贫血还会影响骨骼的生长发育，会发生骨质疏松，甚至出现自发性骨折和佝偻病。
- 容易引起抽搐。

营养摄取途径

重点推荐食材

口蘑
6毫克

海米
2毫克

葵花子
3毫克

其他推荐食材

花生
1毫克

紫菜
2毫克

燕麦片
1毫克

铜含量（每100克可食部分）

注：以上是按照适合婴幼儿食用的食材来推荐的，并非按照铜含量高低推荐。妈妈在选择铜食材时要根据宝宝的具体情况来决定，如果发现宝宝对某种食材有过敏现象，应立即停止食用。

营养食谱推荐

牛奶麦片糊

材料 燕麦片50克，牛奶500毫升。

做法

将牛奶微微烧开，放入燕麦片煮熟，熄火后稍放凉，调匀即可食用。

营养师说

这款糊糊富含膳食纤维、维生素C、铜等营养物质，食用此糊糊能帮助消化，预防便秘，提高抗病力。

预防贫血

双色饭团

材料 米饭100克，腌渍鲔鱼20克，菠菜30克，鸡蛋1个，海苔片2片。

调料 番茄酱适量。

做法

1 制作茄汁饭团：腌渍鲔鱼压碎，和番茄酱一起拌入米饭中，做成圆形的饭团，再铺上海苔片即可。

2 制作菠菜饭团：菠菜洗净，烫熟，挤干水分并切碎；鸡蛋煮10分钟至熟，取半个切碎；将菠菜碎、鸡蛋碎和米饭混合，做成圆形的饭团，再铺上海苔片即可。

营养师说

双色饭团富含优质蛋白质、维生素C、叶酸、卵磷脂等营养物质，且外观独特，食用此饭团能提高食欲，提高抗病力，健脑益智。

增强食欲

见此图标 微信扫码

手把手教你养育健康聪明好宝宝

第3章

特效功能食谱，让宝宝身体棒

润肠通便食谱

宝宝肠胃的清道夫

扫码获取

- 婴儿护理
- 饮食喂养
- 科学早教
- 育儿贴士

宝宝体内“藏毒”的外在表现

便秘

宝宝长期便秘，导致大便不能及时排出体外，肠道会堆积由粪便带来的大量毒素，这些毒素被人体吸收后会引发宝宝口臭、胃不适等症状，还会导致宝宝抵抗力下降。

口臭

口臭主要是宝宝长期上火、内分泌失调产生的脾毒所致。因此，要除口臭，关键在于去除宝宝脾的毒素。

皮肤瘙痒

皮肤是人体最大的排毒器官，皮肤上的皮脂腺和汗腺可以通过出汗等方式排出其他器官无法排解的毒素。如果宝宝皮肤出现瘙痒，意味着宝宝皮肤排毒功能在下降。

湿疹

湿疹是由于宝宝新陈代谢过程中产生过多的废物不能及时排出造成的。

润肠通便明星食材大盘点

糙米

燕麦片

红薯

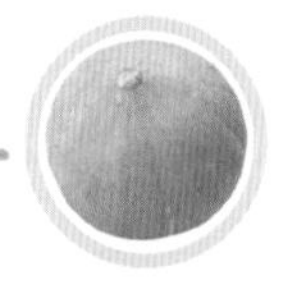

南瓜

海带

芹菜

大白菜

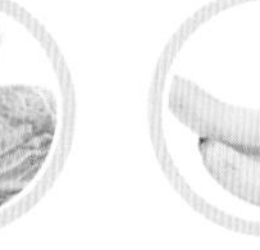

香蕉

梨

润肠通便少吃这些食材

方便面

烤鸭

炸鸡腿

这些食物所含的脂肪高，不易消化，易积聚在宝宝体内，不容易排出体外，不利于宝宝体内废物的代谢。

明星食谱推荐

胡萝卜红薯酸奶

材料 红薯30克，胡萝卜40克，酸奶50毫升。

做法

1 红薯洗净，去皮，切小块，蒸熟凉凉；胡萝卜洗净，去皮，切丁。

2 将红薯、胡萝卜和酸奶放入果汁机中，加适量饮用水搅打均匀即可。

营养师说

胡萝卜红薯酸奶含有膳食纤维、优质蛋白质、益生菌等，能促进宝宝的肠胃蠕动，预防便秘。

蔬菜卷

材料 春卷皮1张，紫菜5克，生菜30克，胡萝卜丝40克，鸡蛋1个。

做法

1 先将胡萝卜丝焯烫，沥干水分；生菜洗净，撕开；鸡蛋打散成蛋液，煎成蛋皮，切丝；春卷皮上先铺紫菜，再铺上生菜、胡萝卜丝、蛋丝。

2 将春卷皮连同食材一起卷起来即可。

营养师说

蔬菜卷可以直接让宝宝用手拿着吃，可以作为外出时的点心。

绿豆银耳羹

材料 银耳 5 克，绿豆 40 克，枸杞子适量。

调料 红糖适量。

做法

1 银耳洗净、泡开，撕成小朵；绿豆提前泡发，洗净；枸杞子洗净。

2 锅中加水，放入泡好的绿豆、银耳，大火烧开后转小火。

3 炖 20 分钟后，加少许红糖熬化即可。

营养师说

这道羹富含胶质，能帮助宝宝润肠通便、健脾养胃。

木耳青菜鸡蛋汤

材料 新鲜青菜 100 克，木耳 5 克，鸡蛋 1 个。

调料 盐、香油各适量。

做法

1 青菜洗净；木耳提前泡发；鸡蛋打散。

2 锅中加水，置火上用大火烧开。

3 加入青菜、木耳烧开，倒入鸡蛋液，边倒边搅拌。

4 加入适量盐，关火，淋适量香油即可。

营养师说

木耳、青菜都含有较为丰富的膳食纤维，能够促进宝宝体内的废物排出，还能预防宝宝便秘。

健脑益智食谱 让宝宝成为小小智多星

健脑益智的饮食对策

宝宝饮食要适度

如果宝宝吃得过饱，摄入的热量就会大大超过消耗的热量，使热量转变成脂肪在体内蓄积。如果脑组织的脂肪过多，就会引起“肥胖脑”。宝宝的智力与大脑沟回皱褶多少有关，大脑的沟回越明显、皱褶越多越聪明。而肥胖脑使沟回紧紧靠在一起，皱褶消失，大脑皮层呈平滑样，而且神经网络的发育也差，所以，智力水平就会降低。

让宝宝巧吃坚果

一般来说，3 岁前的宝宝并不适宜直接吃坚果类食品，这是因为坚果质地坚硬，宝宝不易嚼碎，不易消化，加上坚果体积小，容易呛入气管，发生意外。对于 2~3 岁的宝宝，妈妈可以把花生、板栗去壳、煮烂，捣碎了吃，这样容易消化。

健脑益智明星食材大盘点

蛋黄

海鱼

牡蛎

核桃仁

黑芝麻

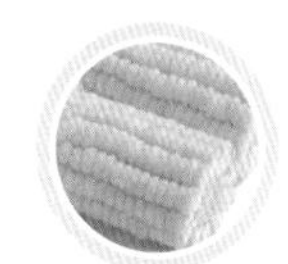
玉米

黄豆

牛奶

苹果

健脑益智少吃这些食材

炸薯条

汉堡

炸鸡腿

这些食物过氧化脂质含量很多，会影响宝宝大脑的发育，还会损害脑细胞。

明星食谱推荐

胡萝卜拌莴笋

材料 胡萝卜 50 克，莴笋 100 克。

调料 盐 2 克，香油少许。

做法

1 胡萝卜洗净，去皮，切菱形片；莴笋洗净，去皮，切菱形片。

2 锅内加水烧沸，放入胡萝卜片和莴笋片焯熟，捞出沥干水分。

3 将胡萝卜片和莴笋片放入碗中，加盐、香油拌匀即可。

营养师说

这道菜含有胡萝卜素、维生素 C 等，能补充大脑所需营养。

黄豆鱼蓉粥

材料 黄豆 60 克，青鱼 80 克，白粥 1 小碗。

调料 盐少许。

做法

1 将黄豆洗净，加水煮至熟烂；青鱼去皮，切成蓉。

2 待锅中白粥煮开，放入黄豆粒稍煮。

3 下入鱼蓉，开大火煮 1 分钟，加盐调味即可。

营养师说

黄豆中富含卵磷脂，对大脑发育有好处。

让宝宝成为“小超人”

强壮骨骼的饮食对策

让宝宝远离垃圾食品

垃圾食品热量很高，而且会影响宝宝对其他营养物质的吸收，从而不利于宝宝骨骼的健康发育。

多吃健骨增高的食物

具有健骨增高功效的食物有鱼类、新鲜水果、蔬菜（如胡萝卜等）、蛋类、牛奶、海米、排骨、海带、紫菜、豆制品以及动物内脏等，这些食物均富含蛋白质、矿物质、维生素，有利于宝宝长个子。

食物巧搭配，补钙效果好

含钙高的食物最好和含优质蛋白质或维生素 C、维生素 D 的食物搭配起来食用，这样不仅能帮助钙质吸收，还能将钙固着在骨骼中。

强壮骨骼明星食材大盘点

牛奶

豆腐

胡萝卜

动物肝脏

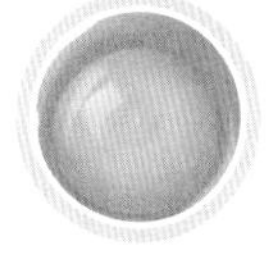
蛋黄

鱼类

强壮骨骼少吃这些食材

菠菜

莴笋

苋菜

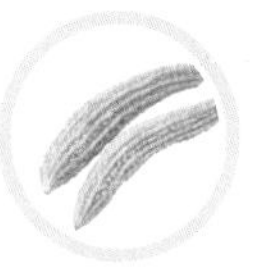
苦瓜

这些食材会影响钙、磷等矿物质的吸收，会软化骨骼，不利于骨骼的正常发育。

海米丝瓜汤

材料 丝瓜 100 克，海米 10 克，紫菜 5 克。

调料 植物油、香油各适量。

做法

1 丝瓜去皮，洗净，切成片。

2 锅置火上，放植物油烧热后加入丝瓜片煸炒，加适量水，煮沸后加入海米、紫菜，小火煮 2 分钟左右，滴入香油，盛入碗内即可。

营养师说

海米丝瓜汤含钙、碘等，能帮助补钙壮骨、助力长高。

虾仁鱼片炖豆腐

材料 鲜虾仁 100 克，鱼肉片 50 克，嫩豆腐 200 克，青菜心 100 克。

调料 植物油、盐、葱、生姜各适量。

做法

1 将虾仁、鱼肉片洗净；青菜心洗净，切段；嫩豆腐洗净，切成小块；葱、生姜分别洗净，切成末。

2 锅置火上，放入植物油烧热，下葱末、姜末爆锅，再下入青菜心稍炒，放入虾仁、鱼肉片、豆腐块稍炖一会儿，加入盐调味即可。

营养师说

这道菜含有优质蛋白质、钙、维生素 C、膳食纤维等，能促进宝宝的大脑发育、助力长高。

增强免疫力食谱 让宝宝少生病

宝宝免疫力低下的表现

1. 很容易感冒，天气稍微变冷、变凉，来不及加衣服就打喷嚏，而且感冒后要过好长一段时间才能好。

2. 伤口容易感染，身体哪个部位不小心被划伤后，几天之内伤口都会红肿，甚至流脓。

3. 宝宝长得不壮，容易过敏，对环境的适应能力较差，尤其是在换季的时候。

4. 宝宝长得不快，智力发育水平低，反应慢。

5. 宝宝长得不高，身体发育有些迟缓。

增强宝宝免疫力的科学方法

1. 按阶段选择食物。

2. 均衡营养，增强免疫力。

3. 运动和锻炼也是增强宝宝免疫力的良好途径。

4. 充足的睡眠时间、和睦的家庭氛围、不随便使用抗生素，都对提高宝宝的免疫力大有裨益。

增强免疫力明星食材大盘点

猕猴桃

橙子

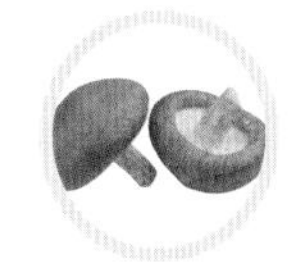

香菇

西蓝花

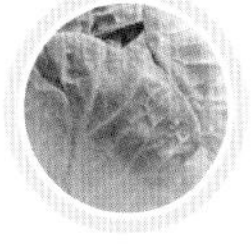

圆白菜

胡萝卜

红薯

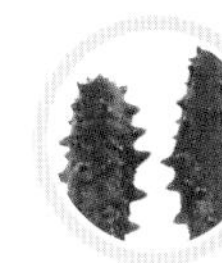

海参

花生米

增强免疫力少吃这些食材

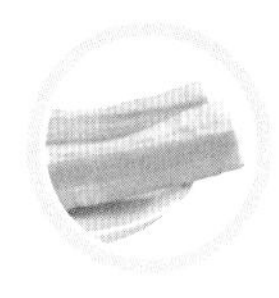

油炸食物

奶油

烧烤食物

这些食物宝宝常吃影响食欲，导致免疫力下降，容易生病。

西蓝花香蛋豆腐

材料 西蓝花200克，熟咸鸡蛋1个，鲜香菇100克，豆腐50克。

调料 牛奶、高汤各适量。

做法

1 西蓝花洗净，切小朵；香菇洗净，切块；咸蛋剥壳，切碎蛋白，碾碎蛋黄；豆腐冲净，切块。

2 锅中加水煮沸，加高汤、西蓝花、香菇和咸蛋煮开，然后继续煮10分钟。

3 倒入牛奶，放入豆腐，煮开即可。

营养师说

这道菜富含维生素A、维生素C、铁、锌等物质，能增强宝宝免疫力，预防皮肤干燥。

肉末蒸圆白菜

材料 猪肉末100克，圆白菜叶50克。

调料 酱油、盐、葱末、植物油各适量。

做法

1 将圆白菜用开水焯烫一下捞出，晾凉，将菜叶平铺到砧板上。

2 锅置火上，倒植物油烧至六成热，下入猪肉末煸炒至断生，加入盐、葱末、酱油翻炒几下。

3 将炒好的肉末倒在圆白菜叶上，卷好，放蒸锅里蒸，上汽后继续蒸3分钟即可。

营养师说

圆白菜中的膳食纤维和维生素A、维生素C的含量较高，对宝宝免疫力的提高有很大帮助。

淮山百合鲈鱼汤

材料 鲈鱼 250 克，淮山药 20 克，干百合 15 克。

调料 枸杞子、姜片、盐、料酒各适量。

做法

1 百合浸泡 20 分钟；淮山药、枸杞子洗净；鲈鱼去鳞，洗净，切块。

2 砂锅内加水煮开，放入淮山药、百合，小火煮 10 分钟。

3 将姜片和枸杞子、鲈鱼块放入砂锅，小火炖 30 分钟即可。

营养师说

这道汤含有优质蛋白质、钙等营养物质，能帮助宝宝提高免疫力和抗病力。

香菇蒸蛋

材料 鸡蛋 1 个，干香菇 5 克。

调料 盐 2 克。

做法

1 将干香菇泡发，沥干水分，去蒂，切成细丝。

2 鸡蛋打散，加适量水和香菇丝搅匀，加盐调味。

3 放入蒸锅中，蒸 8~10 分钟即可。

营养师说

干香菇富含硒元素，对提高宝宝免疫力有很大的帮助。鸡蛋可以补充宝宝身体所需的多种营养物质。

明目护眼食谱 明亮的眼睛惹人爱

对宝宝眼睛有益的营养素

维生素A最好的来源是各种动物的肝脏、鱼肝油、奶类和蛋类，维生素A能维持眼角膜正常，帮助预防眼角膜干燥和退化，增强在黑暗中看东西的能力。

含胡萝卜素多的食材，有胡萝卜、南瓜、青豆、番茄等，这些食材最好用油炒熟了吃或凉拌时加点熟油吃，这样有助于胡萝卜素在人体内转化成维生素A。

维生素C丰富的食材主要有各种新鲜蔬菜和水果，如青椒、黄瓜、菜花、小白菜、鲜枣、梨、橘子等。

钙对眼睛也是有好处的，钙有消除眼睛紧张的作用。豆类、绿叶蔬菜、海米的含钙量都比较丰富。

含维生素B_2较多的食材有牛奶、瘦肉、鸡蛋、酵母、扁豆等。维生素B_2能帮助眼睛视网膜和角膜的正常代谢。

明目护眼明星食材大盘点

动物肝脏

胡萝卜

番茄

鸡蛋

牛奶

枸杞子

牡蛎

鳕鱼

荸荠

明目护眼少吃这些食材

大蒜

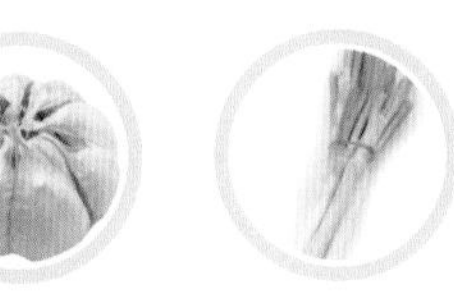
大葱

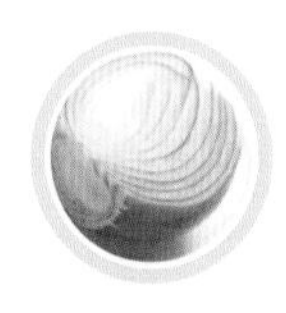
洋葱

辛辣的食材会伤人气血，损目伤脑。

明星食谱推荐

番茄蛋黄粥

材料 番茄70克，鸡蛋1个，大米50克。

做法

1 番茄去皮，捣成泥；将鸡蛋磕开，取蛋黄，搅匀。

2 锅置火上，放入适量水，放入大米煮粥。

3 待大米熟时，加入番茄泥，稍煮，倒入蛋黄液，迅速搅拌，煮一会儿即可。

营养师说

蛋黄中含有丰富的维生素A、维生素D，能保护宝宝视力。番茄中含有丰富的番茄红素，能够保护宝宝的视网膜健康。

猪肝瘦肉泥

材料 猪肝50克，猪瘦肉50克。

调料 葱花3克，盐2克，香油适量。

做法

1 猪肝洗净，切小块，捣成泥；猪瘦肉洗净，剁碎成肉泥。

2 将肝泥和肉泥放入碗内，加少许水和香油、盐拌匀，放入蒸笼蒸熟。

3 蒸好后取出，撒上葱花即可。

营养师说

猪肝中含有丰富的维生素A、锌、铁等营养物质，有很好的补肝明目效果。

猪肝摊鸡蛋

材料 猪肝 50 克，鸡蛋 1 个。

调料 盐 2 克，植物油适量。

做法

1 猪肝洗净，用热水焯过后切碎；鸡蛋打到碗里，放入猪肝碎和盐搅拌均匀。

2 锅置火上，放植物油烧热后倒入蛋液，将鸡蛋两面煎熟即可。

营养师说

这道菜含维生素 A、卵磷脂等，能帮助宝宝明目、健脑，还能使头发黑亮有光泽。

宝宝不贫血，妈妈少操心

宝宝补铁补血的饮食对策

越细碎的食物越补气血

营养学里有一种叫“要素饮食”的方法，就是将各种营养食物打成粉状，进入消化道后，能直接吸收，通过消化道的黏膜上皮细胞进入血液循环来滋养我们的身体。

因此，给宝宝做的食物不但要有营养，还要是糊状的、稀烂的、切碎的，这样能很快帮助宝宝恢复健康，找回好气色。

含铁食物巧搭配，促进铁吸收

动物性食物一般均含有铁，植物性食物一般均含有维生素C，建议宝宝的膳食中将动植物食物搭配，这样可以增加铁的吸收率。因为维生素C具有促进铁吸收的功能。

含铁较高的食物有瘦肉、动物肝脏、菠菜、海带、木耳、香菇等，其次为豆类、蛋类。动物肝脏和瘦肉中的铁较容易被宝宝吸收。此外，还可以喝一些强化“铁”的配方奶。

含维生素C丰富的食物有樱桃、橙子、草莓、香椿、蒜薹、菜花、苋菜等。

补铁补血明星食材大盘点

黑木耳

芝麻酱

蘑菇

猪肝

动物血

鸡蛋黄

猪瘦肉

补铁补血少吃这些食材

生萝卜

空心菜

炸薯条

这些耗气的或油炸的食物，宝宝应尽量少吃！

明星食谱推荐

豆豉牛肉

材料 牛肉150克，豆豉15克。

调料 鸡汤30克，酱油、植物油各少许。

做法

1 牛肉洗净，切成碎末；豆豉用匙压烂，加入少许水拌匀。

2 锅置火上，放油烧热，下入牛肉末煸炒片刻，再下入碎豆豉、鸡汤和酱油，搅拌均匀即可。

营养师说

豆豉和酱油都有咸味，可以不加盐。

桂圆红枣豆浆

材料 黄豆60克，桂圆15克，红枣50克。

做法

1 黄豆用清水浸泡8~12小时，洗净；桂圆去壳、核；红枣洗净，去核，切碎。

2 把上述食材一同倒入全自动豆浆机中，加水至上、下水位线之间，按下“豆浆”键，煮至豆浆机提示豆浆做好即可。

营养师说

这款豆浆含有优质蛋白质、维生素C等，能促进体内铁的吸收，帮助益心脾、补心血。

宝宝吃饭香，妈妈更开心

调理宝宝脾胃功能的方法

饮食上，妈妈们要注意变换花样，要清淡少油腻，软烂易消化；可以给宝宝吃些能补脾胃助消化的食物，如山药、扁豆等；烹调时，最好把食物制作成汤、羹、糕等，尽量少吃或不吃煎、炸、烤的食物；多给宝宝吃些富含胡萝卜素的食物，如胡萝卜等，以保护呼吸道和胃肠道的黏膜免受病毒或细菌的侵袭，保护脾胃功能。

慎吃寒凉食物

脾胃最怕寒凉的食物，这个“寒凉”不单单指我们所说的温度冰冷的食物，还包括食物的属性，像香蕉、西瓜这些都是寒性食物，宝宝吃多了会影响消化、吸收。因此，脾胃不好的宝宝尽量少吃水果，因为水果大多数都性质寒凉，容易伤脾胃。另外，像冰激凌、雪糕等也要少给宝宝吃。

健脾和胃明星食材大盘点

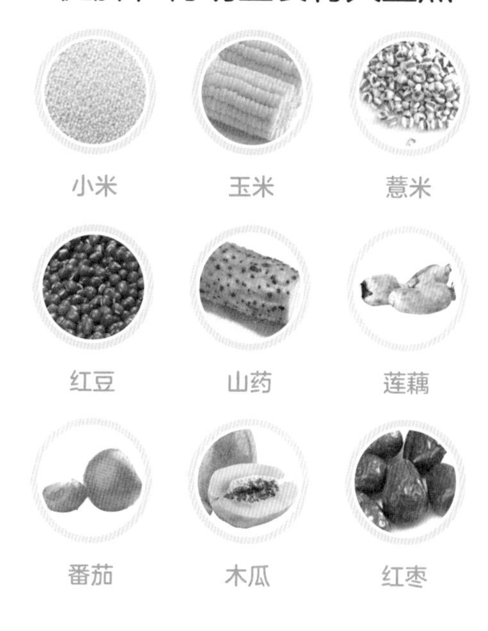

健脾和胃少吃这些食材

这些食物刺激性较大，对养胃不利，甚至会导致胃部黏膜受损。

明星食谱推荐

山药羹

材料 山药100克，糯米50克，枸杞子少许。

做法

1 山药去皮，洗净，切块；糯米淘洗干净，放入清水中浸泡3小时，然后和山药块一起放入搅拌机中打成汁。

2 将糯米山药汁和枸杞子一起放入锅中煮成羹即可。

这道羹能健脾益气，提高宝宝的食欲。

红豆山楂米糊

材料 红豆、大米各50克，山楂10克。

做法

1 红豆洗净，浸泡4~6小时；大米淘洗干净，浸泡2小时；山楂洗净，浸泡半小时，去核。

2 将全部食材倒入全自动豆浆机中，加水至上、下水位线之间，按下“米糊”键，煮至豆浆机提示米糊做好即可。

这款糊糊有健脾养胃的作用，帮助宝宝健脾除湿，促消化。

宝宝不上火，妈妈无烦恼

宝宝清热去火的饮食对策

少吃易上火的食物

要预防宝宝上火，饮食很重要。不要给宝宝吃辛辣刺激的食物以及含胆固醇和糖分较高的食物、过于油腻的食物，如炸鸡、炸薯条、汉堡等。此外，荔枝属于热性水果，民间有“一颗荔枝三把火”的说法。

保证饮水充足

宝宝上火会消耗体内的水分，给宝宝多喝些白开水，这样可以补充身体丢失的水分，还能清理肠道，排出废物，唤醒消化系统，恢复身体机能，清洁口腔等。宝宝上火时如果不喜欢淡而无味的白开水，也可以给宝宝喝些柠檬水。

饮食应注重平衡和清淡

少吃辛辣、油炸、三高（高脂肪、高蛋白、高糖）食物，尽量做到肉、蛋、奶、蔬菜均衡摄入，不要暴饮暴食，因为食物积聚在胃肠道很容易使人上火。

清热去火明星食材大盘点

绿豆

苦瓜

黄瓜

白萝卜

芹菜

梨

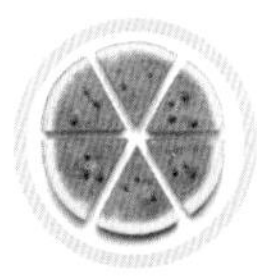
西瓜

冰糖

百合

清热去火少吃这些食材

油炸食品

辣椒

荔枝

这些食物本身就性质偏温热，宝宝食用后会导致心烦气躁，加重上火症状。

苦瓜蛋花汤

材料 苦瓜150克，鸡蛋2个。

调料 盐2克，生抽适量。

做法

1 苦瓜去籽、洗净，用少量盐腌2分钟；鸡蛋打散成蛋液。

2 锅内加水，大火烧开，放入苦瓜，小火煮沸。

3 将鸡蛋液倒入锅内，搅拌均匀，加适量盐、生抽调味即可。

营养师说

苦瓜含有的苦瓜皂甙，具有清热解毒的功效，适合清除宝宝身体的内火。

改善牙龈肿痛的症状

绿豆莲藕汤

材料 绿豆150克，莲藕100克。

调料 桂花酱适量。

做法

1 将绿豆洗净；莲藕洗净，切丁。

2 绿豆放入锅内煮至开花，放入藕丁后，搅拌一下，继续煮一会儿。

3 放入桂花酱拌匀即可。

营养师说

这道汤有去热清火的作用，能帮助宝宝改善牙龈肿痛的症状，缓解口角炎。

宝宝体内湿气少，健康又粉嫩

宝宝祛湿饮食对策

宜给宝宝吃些口味清淡、爽口、易消化的食物

夏季宝宝爱出汗，体内水分蒸发过多，消化液分泌大大减少，胃肠消化功能减弱，如果再吃些不易消化的肉食，势必会加重胃肠负担。

给宝宝多吃一些能消暑的食物

宝宝在夏季出汗较多，体内的水分流失较多，应多次少量地补充水分，以温开水、绿豆汤、酸梅汤、矿泉水、西瓜汁等最为适宜，最好不喝饮料。

少吃热带水果和海鲜

很多热带特有的水果，如菠萝蜜、榴莲、芒果等，都是能增加体内湿气的食物。天气炎热潮湿的夏季不宜给宝宝食用这些食物，特别是当明显感到湿气给宝宝带来不适时。另外，虾蟹等海鲜也会助长体内的湿气，可以用鲤鱼、鲫鱼这类有祛湿功效的河鲜代替。

祛湿明星食材大盘点

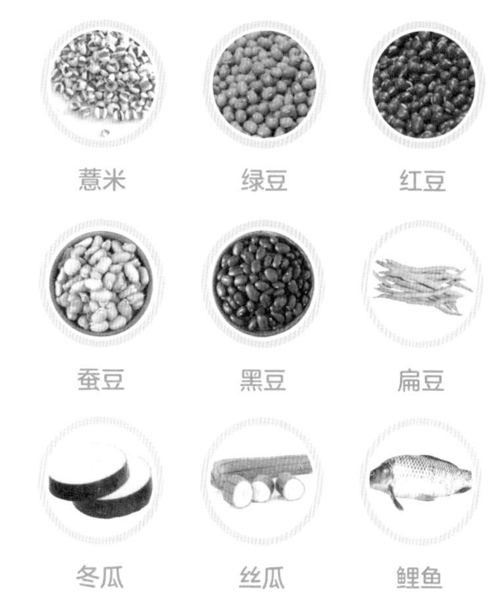

祛湿少吃这些食材

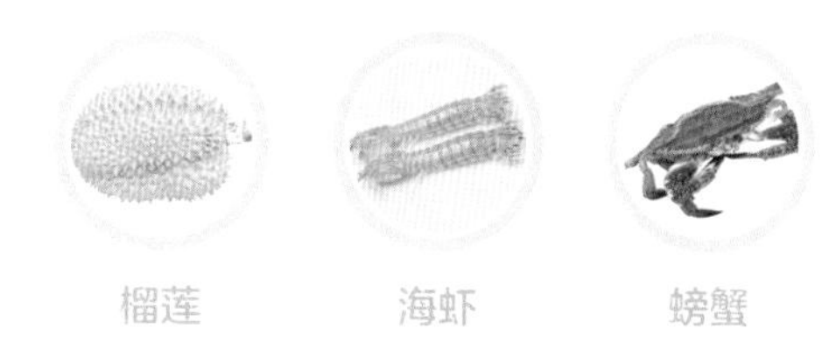

这些食物可能会增长宝宝体内的湿气，所以不建议宝宝食用。

明星食谱推荐

蒜泥蚕豆

材料 鲜蚕豆100克。

调料 大蒜3克，盐2克，醋5克。

做法

1 大蒜去皮，捣成泥，加盐、醋搅拌成蒜泥调味汁。

2 将鲜蚕豆洗净，去壳，放入凉水锅中大火煮沸，转中火煮15分钟至软，捞出沥干水分。

3 将蚕豆放入盘中，浇上蒜泥调味汁，拌匀即可。

营养师说

这道菜有清热祛湿的功效。吃蚕豆会过敏的宝宝一定不要再吃。

红豆薏米糊

材料 薏米50克，大米、红豆各20克。

做法

1 大米、薏米、红豆淘洗干净，分别用清水浸泡5~6小时。

2 将大米、薏米、红豆倒入全自动豆浆机中，加水至上、下水位线之间，煮至豆浆机提示米糊做好即可。

营养师说

这道米糊能帮助宝宝清热利尿，去火。

宝宝肝脏健康才能消化好

补益肝脏饮食对策

护肝常吃绿色食物

中医有“青色入肝经”一说，绿色食物有益肝气循环、代谢，还能消除疲劳，舒缓肝郁，常吃些深色或绿色的食物能起到养肝护肝的作用。给宝宝护肝不妨多吃这些绿色的水果和蔬菜，比如西蓝花、菠菜、油菜、猕猴桃、青苹果等。

多吃酸味食物

中医认为酸味入肝，所以日常给宝宝多吃酸味的食物可以达到养肝的目的，山楂、葡萄等酸味的食物都可以。肝气旺盛的季节，比如，春季暂时不宜给宝宝多吃酸味食物，容易造成肝气过盛，秋季则是可以多吃酸味食物养肝的季节。

保持清淡的口味

给宝宝吃的食物都应该以清淡为主，应多吃些新鲜的蔬菜、水果等，同时还不能食用生冷、油腻、辛辣、刺激性的食物，油炸以及油腻的食物也尽量不要吃。

补益肝脏明星食材大盘点

青豆

绿豆

胡萝卜

香菇

动物肝脏

枸杞子

黑芝麻

葡萄

红枣

补益肝脏少吃这些食材

冰激凌

炸鸡腿

辣椒

熏烤食物

这些食物会加重宝宝肝脏的负担，所以宝宝尽量少吃为好。

明星食谱推荐

胡萝卜羹

材料 胡萝卜 50 克。

调料 肉汤 100 毫升，黄油适量。

做法

1 将胡萝卜蒸熟并捣碎，加入肉汤，倒入锅中同煮。

2 胡萝卜熟烂后再放黄油，用小火略煮一会即可。

营养师说

胡萝卜与富含油脂的食物一同烹调或一起食用，能使其所富含的胡萝卜素被更好地吸收。

西蓝花芝麻汁

材料 西蓝花 50 克，熟黑芝麻 10 克。

做法

1 西蓝花洗净，掰成小朵，焯熟后过凉。

2 将西蓝花和熟黑芝麻一同放入榨汁机中，加入适量饮用水搅打成汁即可。

营养师说

西蓝花芝麻汁能帮助宝宝养肝护肝，对宝宝的眼睛也有益。

乌发护发食谱 黑亮的头发人人夸

宝宝头发枯黄的原因

1. 甲状腺功能低下。
2. 高度营养不良。
3. 重度缺铁性贫血。
4. 大病初愈。

这些原因导致宝宝体内黑色素减少，使头发乌黑的基本物质缺乏，所以黑发逐渐变为黄褐色或淡黄色。

能乌发、护发的营养素

铁和铜：能够补血养血，血不亏，才能滋养头发，才能使宝宝头发黑亮润泽。含铁多的食物有动物肝脏、蛋类、木耳、海带、大豆、芝麻酱等，含铜多的食物有动物肝脏、虾蟹类、坚果和豆类等。

维生素 A：能维持上皮组织的正常功能和结构的完善，促进宝宝头发的生长。富含维生素 A 的食物有胡萝卜、菠菜、核桃仁、芒果、动物肝脏、鱼、虾类等。

维生素 B_1、维生素 B_2、维生素 B_6：如果缺乏，会造成宝宝头发发黄发灰。富含以上维生素的食物有谷类、豆类、干果、动物肝脏、奶类、蛋类和绿叶蔬菜等。

乌发、护发明星食材大盘点

黑豆

黑芝麻

花生米

核桃

木耳

海带

动物肝脏

虾

绿叶蔬菜

乌发、护发少吃这些食材

糕点

汉堡

碳酸饮料

这些食物会影响头发生长，出现头发卷曲或变白、头皮屑增多、掉发断发等现象。

明星食谱推荐

麻酱花卷

材料 自发粉 500 克。

调料 芝麻酱、植物油各适量。

做法

1 自发粉倒入盆中，加温水揉成柔软光滑的面团，盖上湿布醒 30 分钟；芝麻酱倒入小碗中，加少量植物油搅拌均匀。

2 面团醒好后擀成大片，把调好的芝麻酱倒在面饼上抹匀，把面饼卷起来，切成花卷生坯。

3 将做好的花卷生坯放到屉上，冷水蒸至开锅，转中火蒸 25 分钟即可。

营养师说

麻酱花卷含有一定量的铁，能帮助宝宝头发健康发育。

黄鱼粥

材料 大米50克，黄鱼肉70克，火腿5克。

调料 胡椒粉、葱花、盐、香油各适量。

做法

1 黄鱼肉去净鱼刺，切成丁；火腿切末；大米淘净。

2 大米倒入锅中加水，煮成粥。

3 加入鱼肉丁、火腿末，用胡椒粉、盐调味，撒上葱花，滴上香油即可。

营养师说

黄鱼富含硒元素，能清除人体代谢废物，蛋白质、维生素也很丰富，具有健脾胃、安神益气、养发护发的效果。

改善睡眠食谱 宝宝睡得好，妈妈才安心

改善宝宝睡眠的饮食应对策略

晚餐远离两类食物

1. 远离辛辣食物。晚餐给宝宝吃辛辣的食物也是影响宝宝睡眠的重要原因之一。辣椒、大蒜、洋葱等会造成胃中有灼烧感和消化不良，进而影响宝宝睡眠。

2. 远离油腻的食物。宝宝晚餐吃了油腻的食物后会加重肠胃负担，刺激神经中枢，让肠胃一直处于工作状态，也会导致宝宝睡眠不好。

喝牛奶改善睡眠有讲究

睡前喝杯热牛奶，是改善睡眠经常建议的做法，因为奶制品含色氨酸—— 一种有助于睡眠的物质。喝牛奶时宜搭配富含碳水化合物的食物一起食用，这样能增加血液中有助于睡眠的色氨酸的浓度，而且这样喝牛奶还能消除有些宝宝喝了牛奶会出现的胀气等不适症状。所以，如果通过睡前喝牛奶来改善宝宝睡眠的话，要同时给宝宝吃些馒头片、面包等富含碳水化合物的食物。

改善睡眠明星食材大盘点

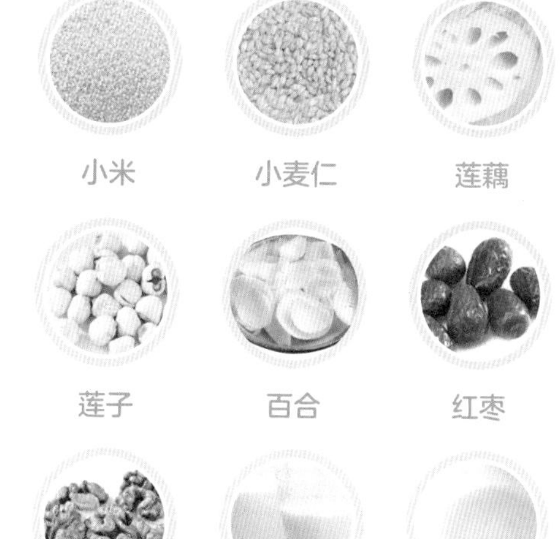

改善睡眠少吃这些食材

这些属于刺激性的食物，宝宝睡前食用，容易造成肠胃负担，影响睡眠。

红枣山药粥

材料 山药 60 克，大米 50 克，薏米 10 克，红枣 25 克。

做法

1 将红枣用沸水泡涨后去核；山药去皮，切丁；大米淘洗干净；薏米淘洗干净后用清水浸泡 2~3 小时。

2 将大米和薏米大火熬 15 分钟，加入红枣、山药丁，用小火再煮 10 分钟即可。

营养师说

红枣山药粥能帮助安神，对宝宝的睡眠有助益。

牛奶小米粥

材料 大米、小米各 30 克，牛奶 60 毫升。

做法

1 大米、小米分别淘洗干净，大米浸泡 30 分钟。

2 锅置火上，倒入适量清水煮沸，分别放入大米和小米，先以大火煮至米涨开，倒入牛奶继续煮，再沸后，转小火熬煮，并不停搅拌，一直煮到米粒烂熟即可。

营养师说

牛奶小米粥中富含色氨酸，能帮助宝宝睡个好觉。

宝宝牙齿好，才能吃得好

能让宝宝健齿的营养素

钙和磷　宝宝牙齿、牙槽骨的主要成分是钙和磷，足够的钙和磷是形成牙齿的基础，多吃富含钙和磷的食物可使牙齿坚固。钙的最佳来源是奶及奶制品，并且吸收率高，是宝宝理想的补钙来源。粗粮、黄豆、海带、木耳等食物，含有较多的磷、铁、锌、氟，有助于牙齿的健康。

蛋白质　富含蛋白质的食物对牙齿的形成、发育、萌出有着重要的作用。蛋白质的来源有动物性蛋白质，如乳类、鱼类、肉类，也有植物性蛋白质，如谷物、豆类、干果。经常摄入这两类蛋白质，可促进宝宝牙齿的正常发育，减少牙齿形态异常、牙周组织变性、牙齿萌出延迟及龋齿的发生。

维生素　维生素是调节人体功能的有机化合物，如钙的沉淀及吸收需要维生素D的协助，牙釉面的形成需要B族维生素和维生素C的参与，牙龈组织的健康需要维生素A、维生素C的扶持等。如果宝宝摄入的维生素比例失调，便会造成牙齿发育不全和钙化不良。

健齿明星食材大盘点

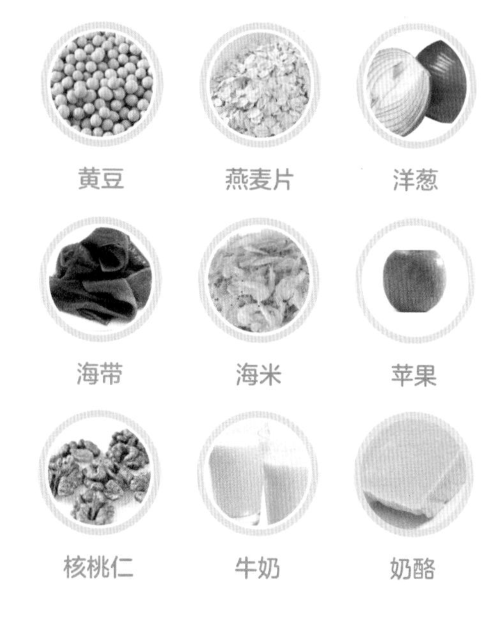

健齿少吃这些食材

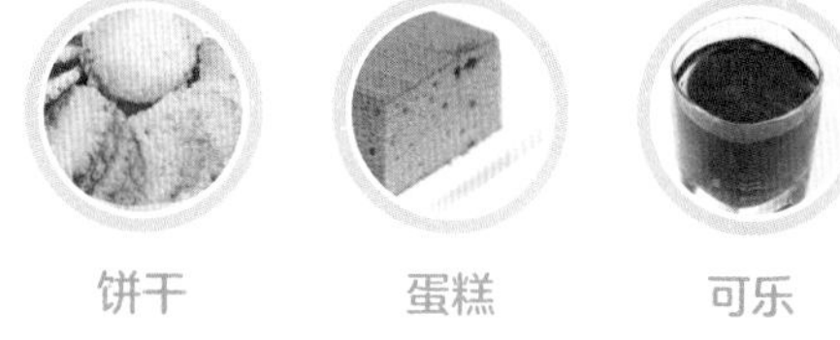

这些食物会粘在牙齿上，影响宝宝的口腔卫生，进而损害宝宝牙齿，所以要尽量少吃。

明星食谱推荐

紫菜鲈鱼卷

材料 鲈鱼肉200克，紫菜15克，蛋清50克。

调料 盐2克。

做法

1 鲈鱼肉洗净，去净刺，将鱼肉剁成泥，加入蛋清搅匀，再加盐调味。

2 紫菜平铺，均匀抹上鱼泥，卷成卷。

3 锅置火上，倒入适量水，放入鲈鱼卷隔水蒸熟即可。

营养师说

紫菜鲈鱼卷富含蛋白质、碘等营养物质，对牙齿的健康发育有益。

绿豆奶酪

材料 绿豆30克，牛奶250毫升，红枣10克。

调料 琼脂10克。

做法

1 绿豆、红枣淘洗干净浸泡4小时，放入高压锅中煮熟；琼脂用热水浸泡；牛奶倒入锅中微微煮沸。

2 另取锅倒入少许水煮开，放入琼脂煮至溶化，将其倒入煮开的奶中，小火煮3分钟，加入煮熟的绿豆、红枣搅匀，倒入杯中晾凉，凝固后食用即可。

营养师说

绿豆奶酪富含钙质，能让宝宝的牙齿更坚固。

第4章

饮食调理，让宝宝的病好得快

宝宝咳嗽饮食调理

扫码获取

- 婴儿护理
- 饮食喂养
- 科学早教
- 育儿贴士

预防咳嗽的要点

1. 防“咳”先防“感”。要防止咳嗽，预防感冒非常关键，所以要让宝宝平时注意锻炼身体，避免外感风寒。

2. 让宝宝养成良好的生活习惯。要加强对宝宝的生活调理，如饮食适宜，保证充足的睡眠，居室环境要安静，空气要清新。

3. 尽量少带宝宝去公共场所，避免与咳嗽、感冒患者接触。

4. 平时应适当食用梨和萝卜，对咳嗽有一定的预防功效。

必需营养素

维生素 C
胡萝卜素

应对咳嗽这样吃

1. 选择营养高、易消化、较黏稠的食物，少量多次地让宝宝进食。

2. 少量多次地给宝宝喂水，通过滋润其喉咙，帮助宝宝祛痰。

3. 因受风寒而导致咳嗽的宝宝，应吃一些温热、化痰止咳的食物；因上火内热而导致咳嗽的宝宝，应吃一些清肺、化痰止咳的食物；因身体虚弱而导致咳嗽的宝宝，要吃一些调理脾胃、补肺气的食物。

明星食谱推荐

粉丝白萝卜汤

材料 白萝卜100克，粉丝50克。

调料 盐少许。

做法

1 将白萝卜洗净，切小块，放入锅中，加适量水烧开，改小火煮10分钟，下入粉丝，煮至熟软。

2 将白萝卜汤盛入碗中，放入少许盐调味即可。

营养师说

白萝卜水分含量大，可通气镇咳、去热消积，还有一定的杀菌功效，对呼吸道疾病有辅助治疗的功效。

丝瓜粥

材料 丝瓜100克，海米10克，大米50克。

调料 姜末、葱末各3克。

做法

1 丝瓜洗净，去皮，切块；大米洗好；海米泡发。

2 锅内加适量清水烧开，倒入大米煮粥，将熟时加入丝瓜块和海米、葱末、姜末烧沸即可。

营养师说

丝瓜具有止咳化痰、润肺平喘的功效，煮粥食用对宝宝咳嗽很有好处。

宝宝感冒饮食调理

预防感冒的要点

1. 宝宝日常的营养要全面，粗细搭配合理，荤素搭配适当。

2. 让宝宝多喝水，或者选择饮用一些果蔬汁。

3. 人工喂养或混合喂养的宝宝，最好选择婴儿配方乳。

必需营养素

维生素 A
维生素 C
维生素 E
锌
铁

应对感冒这样吃

1. 患风寒感冒的宝宝，要多吃新鲜蔬菜和水果，这些食物富含维生素和矿物质，能够增强宝宝抵抗力。吃一些和胃祛寒的食物也有助于风寒感冒的治愈。

2. 患风热感冒的宝宝，平时要多喝水，补充汗液蒸发带走的水分。吃一些清凉去火的水果，能够预防宝宝上火，有利于宝宝去除内热。

3. 多给宝宝吃一些维生素 C 含量较高的食物，如猕猴桃、苹果、橘子等水果，在提高宝宝免疫力的同时，还能增强食欲，促进宝宝身体康复。

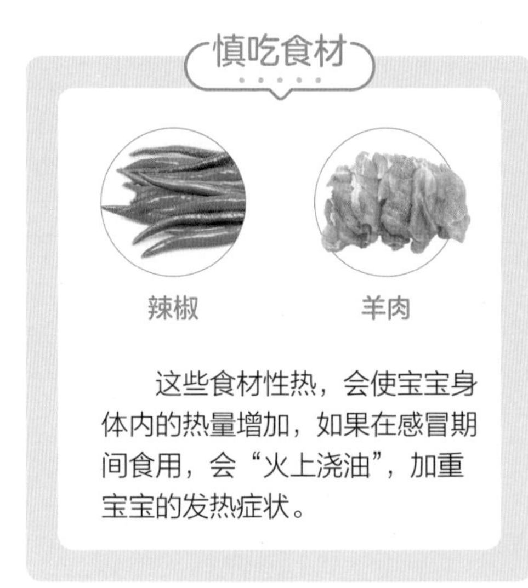

明星食谱推荐

小米南瓜粥

材料 小米100克，南瓜150克，干银耳15克。

做法

1 南瓜洗净，去皮、去瓤，切小块；银耳泡发，洗净，撕成碎片。

2 小米淘洗干净。

3 将小米、南瓜块、水发银耳一起倒入锅内，加水大火烧开，转小火煮20～30分钟即可。

营养师说

宝宝感冒后往往没有食欲，而南瓜粥黄黄的、甜甜的，能增强宝宝的食欲，适合患感冒的宝宝食用。

香芹洋葱蛋黄汤

材料 鸡蛋2个，香芹10克，洋葱40克。

调料 鸡汤、玉米淀粉各适量。

做法

1 香芹洗净切小段，洋葱洗净切碎片；鸡蛋分离取其蛋黄，将其打散。

2 锅中加水，将鸡汤、香芹和洋葱煮开。将蛋黄液慢慢倒入汤中，轻轻搅拌。

3 玉米淀粉加水搅开，倒入锅中烧开，至汤汁变稠即可。

营养师说

此汤具有发散风寒的作用，还能刺激胃肠分泌消化液，增进食欲，促进消化。

宝宝扁桃体炎饮食调理

预防扁桃体炎的要点

1. 养成良好的卫生习惯。

2. 给宝宝多喝水，保持宝宝口腔的卫生，常用温水给宝宝漱口。

3. 注意让宝宝多休息，室内温度以不感觉冷为宜，保持空气新鲜。

必需营养素

维生素 A
B 族维生素
维生素 C
胡萝卜素
蛋白质

应对扁桃体炎这样吃

1. 饮食宜清淡，可选择吃一些乳类、蛋类等高蛋白食物，以及香蕉、苹果等富含维生素 C 的食物。

2. 辅食最好选择易吞咽、易消化的流质或半流质饮食，米汤、米粥、豆浆、绿豆汤、果蔬泥、蛋汤等，都是不错的选择。

3. 应适当多给宝宝饮水。

4. 宝宝吞咽困难时，可以让宝宝吃些流食，以减轻咽喉疼痛的症状。

5. 不要给宝宝吃油腻、黏滞和辛辣刺激的食物，常见的有辣椒、大蒜、油条、炸鸡等。

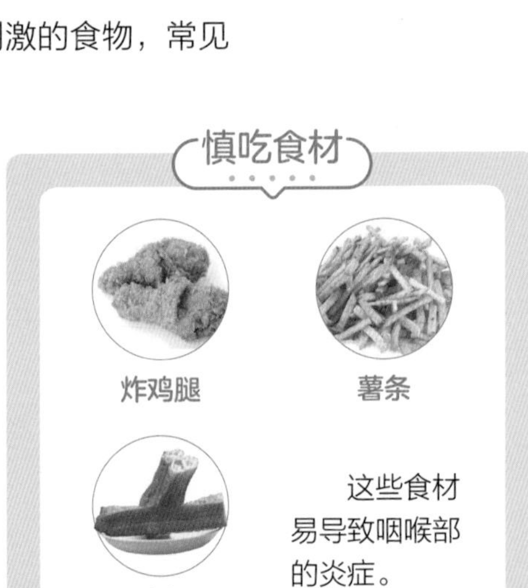

明星食谱推荐

金银花粥

材料 金银花15克，大米50克。

调料 白糖适量。

做法

1 将金银花洗净，加清水适量，浸泡5~10分钟。

2 水煎取汁，加大米煮粥，待熟时调入白糖，再煮沸即成。每天1~2剂，连续3~5天。

营养师说

金银花有清热消炎、解毒、凉血的作用，熬煮成粥能改善扁桃体炎引起的咽痛、发热及咽部不适感。

青菜肝末

材料 鲜猪肝50克，青菜叶40克。

调料 盐少许。

做法

1 猪肝洗净，切碎；青菜叶洗净，用沸水焯烫一下后切碎。

2 猪肝碎放入锅中，加沸水煮熟，加入青菜末、盐略煮，出锅即可。

营养师说

青菜肝末富含多种维生素，可以帮助宝宝提高免疫力。

宝宝流涎饮食调理

预防宝宝流涎的要点

1.6 个月以上的宝宝可以让他们啃点磨牙饼干，能够减少牙龈不适，刺激乳牙萌出，减少流涎。

2. 妈妈们不要等到宝宝 15 个月以上断奶后，才给宝宝添加辅食，这样喂养的宝宝容易脾胃虚弱，流涎的发生率较高。

3.6 个月以上的宝宝，应帮助他们养成吞咽唾液的习惯，如可以在宝宝口中放块冰糖。

必需营养素

维生素 C、胡萝卜素、钙、铁

应对宝宝流涎这样吃

1. 对于脾胃积热的宝宝，妈妈们应选择清热养胃、泻火利脾的食物，如绿豆汤、丝瓜汤、雪梨汁、西瓜汁等。

2. 脾胃虚寒的宝宝，妈妈们可选择虾、海参、羊肉、韭菜、花生、核桃等具有温和健脾作用的食物。

3. 应给宝宝多吃新鲜蔬果等，这些食物容易消化吸收，且不会为肠胃带来负担，还可以增强宝宝的抗病能力。

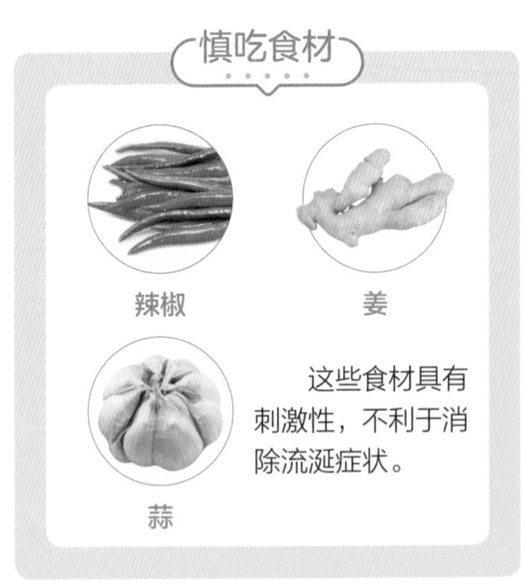

明星食谱推荐

羊肉山药粥

材料 羊瘦肉、淮山药各 30 克，大米 50 克。

调料 姜片 5 克，盐 2 克。

做法

1 羊肉洗净，切成小丁；淮山药去皮，切丁；大米淘洗干净。

2 将切好的羊肉和山药放入锅内，加入大米、姜片、适量水煮成粥。

3 取出姜片，加入盐调味即可。

营养师说

此粥有益气补虚、温中暖下的作用，对宝宝肠胃有很好的补益效果，可减少宝宝流涎症状的发生。

雪梨鸡蛋羹

材料 雪梨 50 克，鸡蛋 1 个，酸奶 100 克。

调料 冰糖适量。

做法

1 梨去皮和核、洗净切薄片；鸡蛋磕开，搅匀成蛋液。

2 将酸奶倒入锅中，加梨片和冰糖，小火煮至梨软、冰糖溶化，关火晾凉。

3 将鸡蛋液倒入梨汁中，盖上保鲜膜，放入蒸锅中，大火蒸成羹即可。

营养师说

雪梨中含有苹果酸、柠檬酸、胡萝卜素等，能生津润燥、清热化痰，特别适合秋季食用。

宝宝鹅口疮饮食调理

预防鹅口疮的要点

1. 养成良好的卫生习惯，宝宝的餐具要严格消毒，喂奶前，奶嘴、奶瓶要用开水烫洗干净。

2. 妈妈们在每次喂奶前，要先用干净的毛巾擦洗乳房，再给宝宝哺乳。

3. 给宝宝每次喂食时间应少于 20 分钟，同时不要使用安抚奶嘴。

应对鹅口疮这样吃

1. 选择易消化吸收、富含优质蛋白质的食物，如动物肝脏、瘦肉、鱼类。

2. 适当增加 B 族维生素和维生素 C 的供给，如食用新鲜蔬菜和水果等。

3. 选择半流质或流质食物给宝宝喂食，并鼓励宝宝多喝水。

4. 不要给患病的宝宝吃酸、辣的食物，避免引起宝宝疼痛。

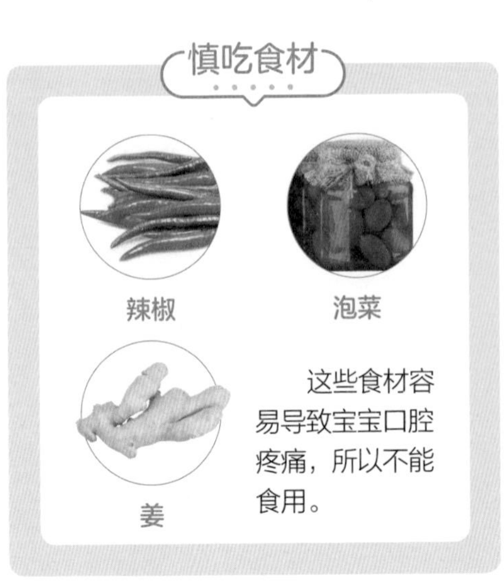

明星食谱推荐

猕猴桃枸杞粥

材料 猕猴桃30克，大米100克，枸杞子适量。

调料 冰糖适量。

做法

1 大米洗净，稍微浸泡；猕猴桃去皮、切块；枸杞子洗净、泡好。

2 锅中加水，加入大米，煮至米涨开汤变浓稠时，放入枸杞子。

3 加入猕猴桃块，煮2分钟左右，加适量冰糖调味即可。

营养师说

猕猴桃能增强宝宝的免疫力，还有清热利尿、健脾胃的功效。

荸荠汤

材料 荸荠250克。

调料 白糖少许。

做法

1 荸荠去皮，洗净，拍碎。

2 锅置火上，放入拍碎的荸荠和适量清水，大火煮沸后再转小火煮20分钟，加白糖煮至溶化，去渣取汁饮用即可。

营养师说

荸荠对引起鹅口疮的真菌有抑制作用，可促进宝宝口疮创面的修复。

宝宝湿疹饮食调理

预防湿疹的要点

1. 宝宝的衣着要宽松，勿让宝宝的皮肤直接接触化纤及毛织品的衣服。

2. 保证宝宝的生活规律，饮食、活动要合理。过敏体质的宝宝要避免接触刺激因素，同时加强宝宝的身体抵抗力，多让宝宝适当运动，改善其过敏体质。

必需营养素

维生素 B_6
维生素 C
维生素 E
钙
镁
锌

应对湿疹这样吃

1. 宝宝的饮食宜清淡。多让宝宝喝水，可以选择饮用一些富有营养的汤、羹、汁等。

2. 宜选择一些清热解毒的食品给宝宝食用，如绿豆、百合、冬瓜、丝瓜、鲜藕、红白萝卜等。

3. 多给宝宝吃一些富含维生素、矿物质的食物，如新鲜蔬菜和水果。

4. 宝宝的辅食要避免那些容易导致过敏的食物，如牛奶、羊奶、海鲜、莴笋等。

明星食谱推荐

花生红豆汤

材料 红豆30克，花生米50克。

调料 糖桂花5克。

做法

1 红豆与花生米洗净，用清水浸泡2小时。

2 将泡好的红豆与花生米连同清水一并放入锅中，开大火煮沸。

3 转小火煮1小时，放入糖桂花搅匀即可。

营养师说

红豆能利尿除湿，花生有补血的效果，所以此汤能补血、利尿除湿。

苦瓜苹果饮

材料 苦瓜25克，苹果50克。

调料 白糖、盐各适量。

做法

1 苦瓜洗净，去瓤，切丁，盐水浸泡10分钟。

2 苹果去皮，切小块。

3 苦瓜丁沥干水分，和苹果块一同倒入料理机，加入适量清水，打成汁。

4 过滤到杯中，加白糖调匀即可。

营养师说

苦瓜可起到清热消暑、养血益气、滋肝明目的功效，还能提高机体应激能力，保护心脏。苹果则能促进排便，有利于身体毒素的排出。

宝宝便秘饮食调理

预防宝宝便秘的要点

1. 清晨起床后，养成给宝宝饮温开水的习惯，能促进宝宝肠蠕动。

2. 妈妈在进行配方奶粉的调配时，要按照说明书调配，不能随意提高其浓度。

3. 按时让宝宝大便，帮助宝宝养成按时排便的习惯。

应对便秘这样吃

1. 母乳喂养的宝宝便秘的情况比较少见。配方奶喂养的宝宝，要依据配方奶的比例冲调奶粉，先加水，再加一定比例的奶粉。如果觉得食用的这款奶粉会引起宝宝便秘，也可尝试更换奶粉品牌。

2. 已添加辅食的宝宝，要及时添加菜汁、果汁、果泥、菜泥和蔬菜。富含纤维质的水果与蔬菜是调理便秘的良方。苹果、梨、核桃、海带、红薯、卷心菜、黄豆、豆腐等膳食纤维都较丰富。

3. 少给宝宝吃高脂肪、高胆固醇的食品，这些食物易残留在肠道中，不易排出，从而引起便秘。

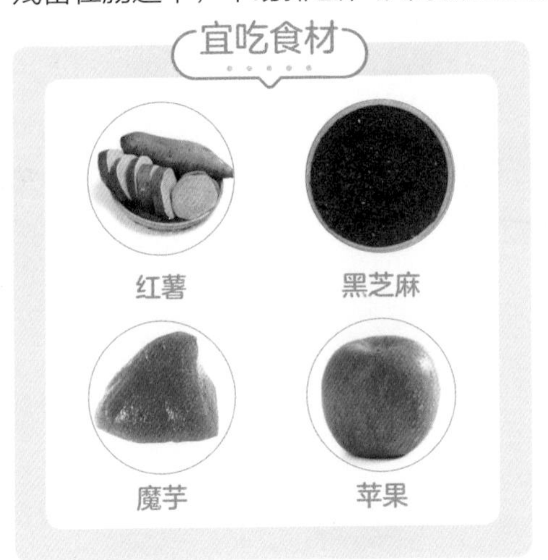

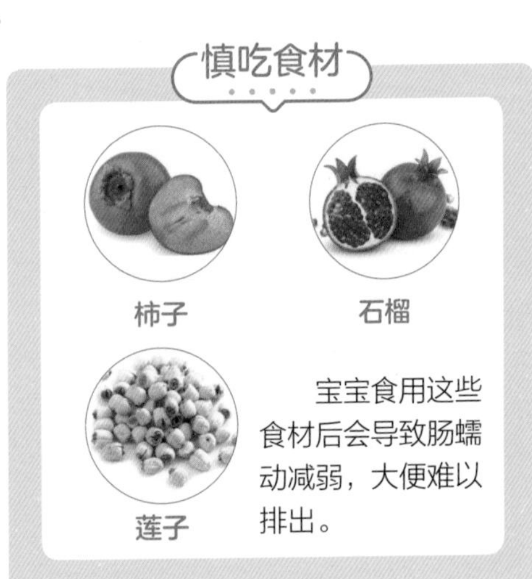

明星食谱推荐

芋头红薯粥

材料 芋头、红薯各 30 克，大米 50 克。

做法

1 芋头、红薯去皮，洗净，切丁；大米淘洗干净。

2 锅内加适量清水置火上，放入芋头丁、红薯丁和大米，中火煮沸。

3 煮沸后，用小火熬至粥稠即可。

营养师说

芋头中含有多种微量元素，能增强人体的免疫功能，具有益脾胃、调中气的功效；红薯则能促进消化液分泌以及胃肠蠕动，有促进排便的作用。

苹果汁

材料 苹果 60 克。

调料 蜂蜜少许。

做法

1 苹果洗净，去蒂，除核，切小丁，倒入全自动豆浆机，加适量清水搅打均匀。

2 将搅打好的苹果汁倒入杯中，加蜂蜜搅拌均匀后即可饮用。

营养师说

苹果富含膳食纤维，热量低，可以促进废物的排泄，预防宝宝便秘。

宝宝肺炎饮食调理

预防肺炎的要点

1. 在疾病流行的季节应少带宝宝出门，尽量不到公共场所去，家里有人患感冒则应减少与宝宝接触。

2. 妈妈应根据温度变化适当增减宝宝衣服。当宝宝已经出汗时，不要马上脱掉衣服，应该擦干汗水再让宝宝去玩。

3. 常喝温开水，既可预防感冒，又对宝宝胃肠道和肺部有益。

4. 每天让宝宝适当进行户外活动，呼吸新鲜空气，晒太阳，居室每天定时开窗换气。

必需营养素

B 族维生素
蛋白质

应对肺炎这样吃

1. 如果宝宝发热期间有食欲，就要给他喝牛奶，喂粥、米粉、藕粉、绿豆汤、菜水等易消化的食物。

2. 恢复期间可摄取润肺生津的食物和肉类，如鸡蛋羹、鱼汤、瘦肉汤、丝瓜、荸荠、银耳、山药、扁豆、蜂蜜等，补充足够的水及新鲜果汁。

明星食谱推荐

冰糖梨水

材料 梨 35 克。

调料 冰糖适量。

做法

1 将梨洗净，去皮，切片。

2 锅内倒入水烧开，放入梨片、冰糖，小火煮 15 分钟即可。

营养师说

梨含有很丰富的水分，具有清心润肺的作用，和冰糖一起煮后，止咳化痰的功效更好，口感也更加香甜，宝宝比较容易接受。

绿豆汤

材料 绿豆 100 克。

调料 白糖适量。

做法

1 绿豆洗净，浸泡 4 小时。

2 锅置火上，放入绿豆，加足量的水，大火烧开，转小火炖煮 40 分钟至绿豆熟烂，加白糖调味即可。

营养师说

如果宝宝有上火症状，可在绿豆汤煮沸后汤色为黄绿澄清状态时舀出一些汤汁给宝宝饮用，这时的汤汁中多酚物质含量最高，解毒功效最强。

宝宝夜啼饮食调理

预防夜啼的要点

1. 让宝宝养成良好的规律作息的习惯，对生物钟颠倒的宝宝要及时进行纠正，白天不要让宝宝睡眠过多，晚上则要避免宝宝临睡前过度兴奋而导致不易入睡。

2. 宝宝的卧室内外都要保持安静，并且保持温度适宜。

必需营养素

维生素 D

应对夜啼这样吃

1. 常给宝宝食用如香菇、莲子、山药、百合、糯米等养心、安神的食物。

2. 多晒太阳，为宝宝补充维生素 D，可以缓解夜啼。

3. 有的宝宝半夜哭泣是因为饿了，在睡觉前只要多喂些奶，夜里就不会哭。有些已经习惯了半夜必须喝一次奶的宝宝，只要保证夜里给奶喝也会没事。

见此图标 微信扫码 | 手把手教你养育健康聪明好宝宝

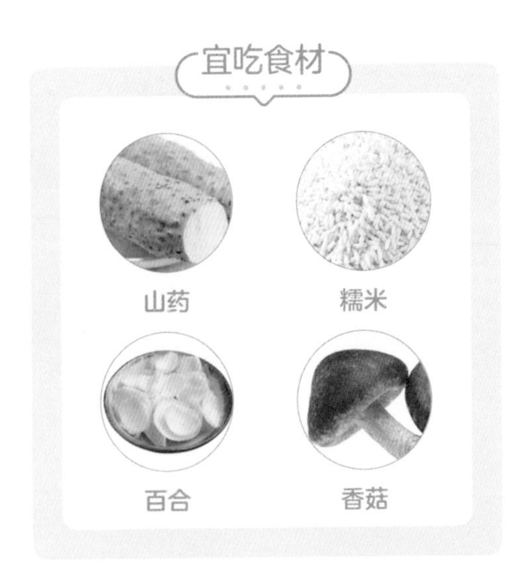

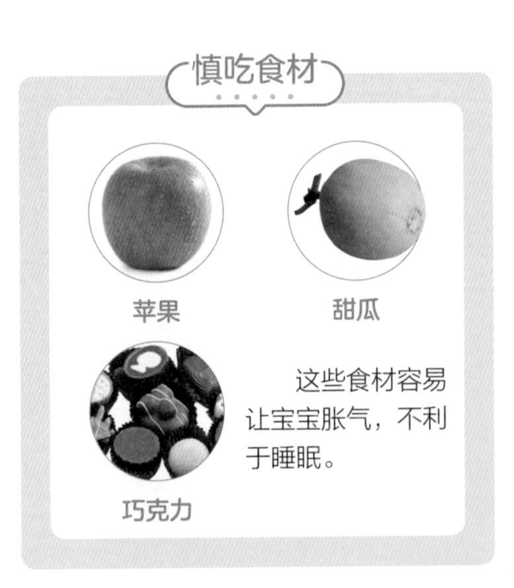

明星食谱推荐

百合粥

材料 干百合 5 克，大米 50 克。

调料 白糖少许。

做法

1 干百合洗净，泡发；大米用清水洗净。

2 锅置火上，加适量水，放入泡好的百合、大米，大火烧沸，转小火煨煮 30 分钟左右。

3 加白糖溶化即可。

营养师说

百合粥有静心安神的作用，对缓解宝宝夜啼有帮助。

三菇豆米粉

材料 米粉 40 克，黄豆、胡萝卜各 20 克，金针菇、蟹味菇、香菇各 25 克。

调料 盐 3 克，香油 2 克。

做法

1 将米粉放入冷水或温水中泡开；黄豆泡一夜；胡萝卜去皮，切丝；三菇洗净。

2 锅中倒水烧开，分别将黄豆、胡萝卜和三菇焯烫，捞出过凉水，沥干水分备用。

3 米粉盛入盘中，放入所有材料，调入盐、香油即可。

营养师说

三菇豆米粉富含维生素 D、胡萝卜素等，能帮助宝宝缓解夜啼的症状，还有保护眼睛的作用。

宝宝所吃辅食大小按月查

土豆

5个月开始添加

5~6个月

将土豆磨成泥放入锅里煮熟

7~9个月

煮熟后切碎

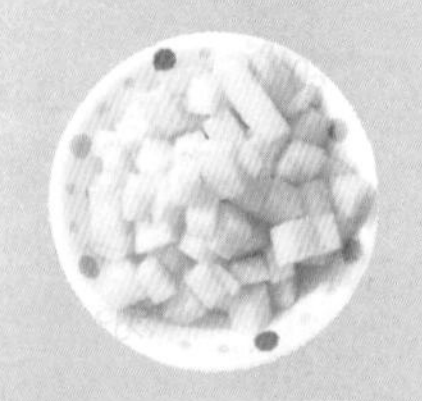

10~12个月

切成5毫米大小的块煮熟

1~2岁

切成7毫米大小的块煮熟

2~3岁

切小块煮熟

鸡蛋

5个月开始添加

5~6个月

将鸡蛋完全煮熟后，取1/4蛋黄压碎成粉末状，宝宝适应后再逐渐添加

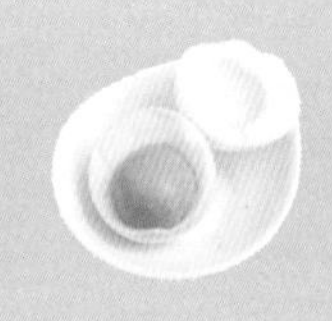

7~9个月

将鸡蛋完全煮熟后将蛋黄压碎，8个月后可尝试食用蛋清，但须注意宝宝是否有过敏反应

10~12个月

鸡蛋完全煮熟，可以吃全蛋，每天不能超过1个

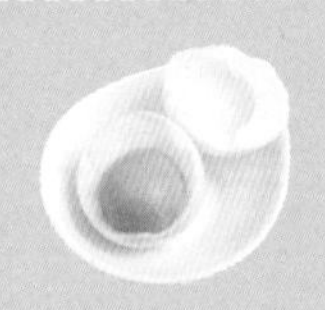

1~2岁

蛋清和蛋黄同时喂，可煮熟，也可做成鸡蛋羹，宜变换花样给宝宝食用

2~3岁

每天吃1个完整的鸡蛋

想要让宝宝更聪明、更健康，就要掌握其在不同阶段的特点，给宝宝最需要的营养和呵护。随着宝宝的成长和咀嚼能力的增强，所吃的食物形状要有所变化，从开始的细末到碎粒再到小块，来逐渐适应宝宝口腔变化和牙齿生长的需要。

苹果

5个月开始添加

5~6个月

将苹果搅打成泥状，用纱布过滤后煮一会儿

7~9个月

将磨好的苹果煮一会儿

10~12个月

切成5毫米大小的丁

1~2岁

切成7毫米大小的丁

2~3岁

让宝宝自己拿着吃

牛肉

5个月开始添加

5~6个月

将牛肉切片后在沸水里煮熟，切成小块后再剁成碎末

7~9个月

将牛肉切片后在沸水里煮熟，切成小块后再剁碎

10~12个月

将牛肉切片后在沸水里煮熟，切成3毫米大小的丁

1~2岁

将牛肉完全煮熟后切成5毫米大小的丁

2~3岁

将牛肉完全煮熟后切成小块

菠菜

6 个月
开始添加

6 个月
在沸水里煮熟后将菜叶部分压碎过滤，饮菜汁

7~9 个月
在沸水里煮熟后将菜叶切碎

10~12 个月
在沸水里煮熟后将菜叶切成 5 毫米大小的片

1~2 岁
在沸水里煮熟后切成 7 毫米大小的片

2~3 岁
在沸水里煮熟后切成小片

胡萝卜

6 个月
开始添加

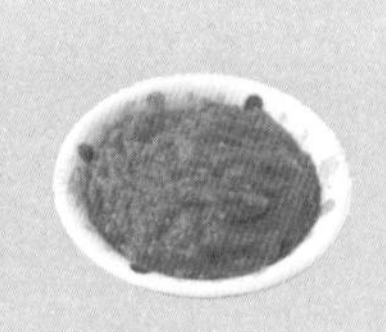

6 个月
将胡萝卜磨成泥放入锅里蒸熟

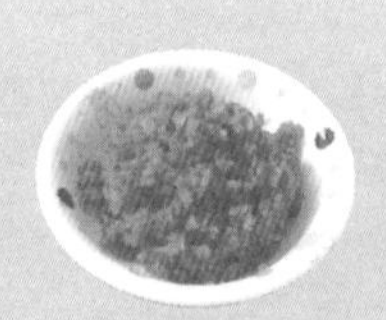

7~9 个月
煮熟后切成颗粒状

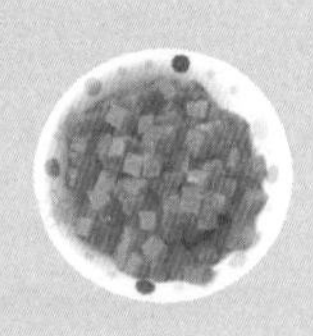

10~12 个月
切成 5 毫米大小的碎块后煮熟

1~2 岁
切成 7 毫米大小的碎块后煮熟

2~3 岁
切成小块后煮熟

宝宝分阶段特制断奶粥

十倍粥，即煮粥时加入的水量是米量的 10 倍。即如果用了 30 克的大米，就要加入 300 毫升的水。每次给宝宝喂 30 克左右十倍粥。

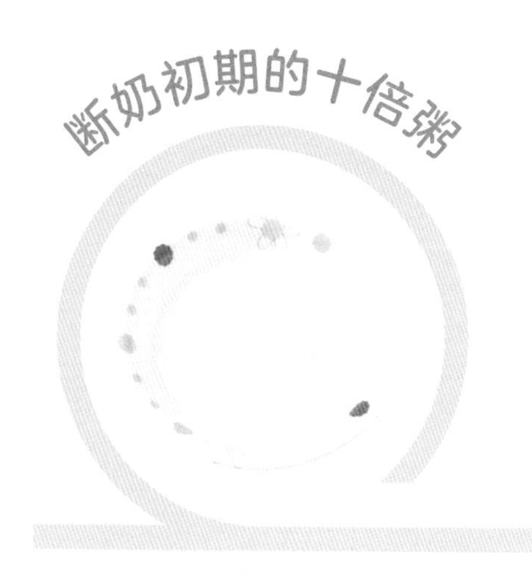

做法

1 取 30 克大米淘洗干净。
2 汤锅置火上，倒入淘洗好的大米和 300 毫升清水，大火煮开后转小火煮 20 分钟。
3 熄火后盖着锅盖闷 10 分钟，将煮好的粥放进搅拌机中把米粒打碎即可。

Tips

煮十倍粥容易溢锅，因此最好不要用太小的锅。

七倍粥，即煮粥时加入的水量是米量的 7 倍。即如果用了 30 克的大米，就要加入 210 毫升的水。每次给宝宝喂 50 克左右七倍粥。

做法

1 取 30 克大米淘洗干净。
2 汤锅置火上，倒入淘洗好的大米和 210 毫升清水，大火煮开后转小火煮 10 分钟。
3 熄火后盖着锅盖闷 10 分钟，将煮好的粥放进搅拌机中把米粒打碎即可。

Tips

煮好的粥盖着锅盖闷一会儿，粥会更稀软好吃。

宝宝的断奶餐要从谷类食物开始，其中米粥最为理想。同时，煮粥也是制作断奶餐最基本的方法，可根据断奶时期的不同，调整米粒的大小、水量，从而煮制适合宝宝食用的粥。

五倍粥，即煮粥时加入的水量是米量的 5 倍。即如果用了 30 克的大米，就要加入 150 毫升的水。每次给宝宝喂 90 克左右五倍粥。

断奶后期的五倍粥

做法

1 取 30 克大米淘洗干净。
2 汤锅置火上，倒入淘洗好的大米和 150 毫升清水，大火煮开后转小火煮 10 分钟。
3 熄火后盖着锅盖闷 10 分钟，将煮好的粥放进搅拌机中把米粒打碎即可。

Tips

五倍粥比七倍粥和十倍粥都要稠一些。

软饭，即加水量比五倍粥少，但比正常蒸米饭用的水多一些。

断奶完成期的软饭

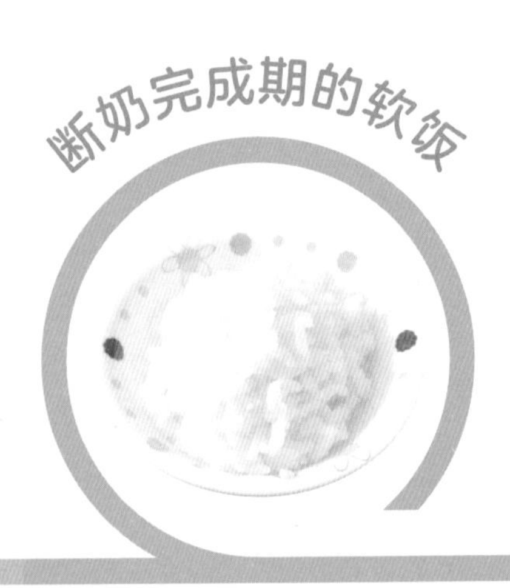

做法

1 取 30 克大米淘洗干净。
2 将淘洗好的大米倒入电饭锅中，加入 100~120 毫升清水，盖严锅盖，蒸至电饭锅提示饭蒸好，不揭锅盖闷 5 分钟即可。

Tips

软饭中也可以加入一些豆腐、蔬菜等。

为宝宝烹制美味高汤

高汤经过长时间的熬煮，会溶出像钙、钾、钠等矿物质及少量氨基酸，既营养又美味，非常适合宝宝的生长所需。妈妈们可以根据宝宝的不同口味熬制鱼汤、鸡汤、猪棒骨高汤、素高汤等，还可以加入一些时蔬、菌菇等食材，这样会让汤的口感更加丰富。

鱼汤

材料 鲢鱼头1个。

调料 葱段、姜片、植物油各适量。

做法

1 鲢鱼头收拾干净，洗净，剖开，沥干水分。

2 平底锅置火上，倒入适量植物油烧热，放入鱼头两面煎至金黄色，盛出。

3 将煎好的鱼头放入砂锅中，加2000毫升温水及葱段、姜片，大火煮开，转小火煮至汤色变白、鱼头松散，熄火，晾凉。

4 将汤过滤后取鱼汤，取一次的用量装入保鲜袋中，系好袋口，放入冰箱冷冻即可。

营养师说

鱼头略煎后煮制，不但使汤的味道更鲜美，而且汤汁呈奶白色。

鸡汤

材料 鸡骨架1副。

做法

1 将鸡骨架收拾干净，用沸水烫去血水后捞出，冲洗掉表面的血沫子，放入锅中，加入2000毫升清水煮开，转小火煮。

2 边煮边撇净表面浮沫，用小火煮30~40分钟，捞出鸡骨架，取汤汁，晾凉。

3 汤汁晾凉后取一次的用量装入保鲜袋中，系好袋口，放入冰箱冷冻即可。

营养师说

用前头一天晚上拿到冷藏室里解冻，第二天就可以用啦！

猪棒骨高汤

材料 猪棒骨2根。

做法

1 猪棒骨清洗干净，用沸水焯去血水，捞出，冲洗掉表面的血沫子，放入锅中，加入2000毫升清水煮开，转小火煮。

2 边煮边撇净表面浮沫，用小火煮2小时，捞出猪棒骨，取汤汁。

3 汤汁晾凉后放入冰箱冷藏1~2个小时，待表面油脂凝聚后取出，刮去表面油脂，取一次用量的高汤装入保鲜袋中，系好袋口，放入冰箱冷冻即可。

营养师说

将保鲜袋套在大碗上，就很容易将高汤倒入保鲜袋中了。

远离易致过敏的食物

有些宝宝对特定的食物会产生过敏。那么，容易引发过敏的食物有哪些？应该怎样食用才安全呢？

花生

6个月 健康宝宝　36个月 过敏宝宝

过敏解析

花生属于危险性高且消化困难的食物，6个月以后的宝宝要磨碎了再吃，有过敏症状的宝宝要在36个月以后吃才安全。

喂养方法

初次喂的时候要磨碎，如果无异常反应可以将每次的量增加1粒，最多可以增加到4粒。

蜂蜜

13个月 健康宝宝　15个月 过敏宝宝

过敏解析

蜂蜜里含有肉毒杆菌，如果喂给1周岁以前的宝宝可能会引起食物中毒。添加蜂蜜的加工食品也要引起注意。

喂养方法

因为蜂蜜甜味大，最好把1小勺蜂蜜放入水中稀释后当茶喂，或代替白糖少量食用。

牛奶

过敏解析

牛奶中所含蛋白质不同于母乳或配方奶粉中的蛋白质，所以宝宝很难吸收，且还可能导致拉肚子或发疹等过敏症状。

喂养方法

初次喂时要量少且与母乳、奶粉一起喂，若无异常再逐渐增量。

番茄

13个月 健康宝宝　18个月 过敏宝宝

过敏解析

番茄的籽含有易引起过敏的阿司咪唑成分，最好在宝宝1周岁后再开始喂。过敏的宝宝应在18个月以后再喂。

喂养方法

初次喂时应在沸水里烫一下，剥皮，将里面的籽去除，这样才安全。

橙子

13个月 健康宝宝　18个月 过敏宝宝

过敏解析

不易消化且有过敏危险，要在宝宝1周岁以后再开始喂。有过敏症状的宝宝最好在18个月以后开始喂。

喂养方法

先喂榨成汁的橙汁，若无异常再喂果肉。为了避免发生过敏的危险，要将水和鲜榨汁按1:1的比例稀释后再喂给宝宝。

宝宝饮食之 YES OR NO

冬天要适当给宝宝补充鱼肝油

因为冬天宝宝外出较少，接受不到充足的阳光照射，容易缺乏维生素 D；另一方面，由于 1 岁以内的宝宝生长发育较快，需要的钙较多，有些家长认为母乳营养好，即使母乳的奶量不足也不给宝宝增加婴儿配方奶粉以及其他辅食，从而造成宝宝生长发育需要的营养不足，出现“缺钙”症状。

宝宝食物最好现做现吃

现做现吃的饭菜营养丰富，剩饭菜在营养价值上已是大打折扣。而且越是营养丰富的饭菜，细菌越是容易繁殖，如果加热不彻底，就容易引起食物中毒。宝宝吃后会出现恶心、呕吐、腹痛、腹泻等类似急性肠炎的症状。因此，要尽量避免给宝宝吃剩饭菜，特别是剩得时间较长的饭菜。隔夜的饭菜在食用前要先检查有无异味，确认无任何异味后，应加热 20 分钟后再食用。

宝宝不宜吃冷饮

宝宝吃了冷饮后，血管会受到冷刺激而收缩，影响身体往外散热；进入肠胃，会刺激胃黏膜而使消化酶的分泌减少，降低了消化能力，影响宝宝对食物的消化和营养物质的吸收，严重的还会导致宝宝消化系统功能紊乱，易使宝宝发生经常性腹痛。

有些食物含有一定毒素，正确烹调很重要

有些食物含有一定毒素，因此正确烹调很重要。

比如，豆浆营养丰富，但是生豆浆中含有难以消化、难以吸收的有毒物质，这些物质必须加热到 90 ℃以上才能被分解，因此豆浆必须煮透才能给 1 岁左右的宝宝喝；扁豆中含有对人体有毒的物质，必须炒熟才能食用，否则易引起中毒；发了芽的土豆会产生大量的龙葵素，易使人中毒，所以不能给宝宝食用。

一岁以内的宝宝不宜吃牛初乳

牛初乳所含的蛋白质和免疫球蛋白特别丰富，而且富含自然合成的天然抗体，确实能增强人体的免疫力。不过，0~1岁的婴幼儿身体器官尚未发育完全，所以不适宜饮牛初乳。况且母亲初乳中的免疫球蛋白完全能抵御致病菌及病毒的入侵，让宝宝少生病。

宝宝不能多吃巧克力

巧克力含有较多的脂肪和热量，对宝宝来说，并不适宜。巧克力中含蛋白质较少，钙和磷的比例也不合适，糖和脂肪太多，吃过多的巧克力往往会导致食欲低下，不符合宝宝生长发育的需要。

拿罐头食品或密封的肉食做辅食

罐头食品或密封的肉类食品加工时均要加入一定量的色素和防腐剂等添加剂。由于宝宝身体各组织对化学物质的反应及解毒能力还很低，吃进去这些食物后会加重脏器解毒及排泄的负担，甚至会因为某种化学物质在体内的积蓄而引起慢性中毒。所以尽量不要给宝宝喂食此类食物。

用水果代替宝宝不爱吃的蔬菜

水果中的矿物质、膳食纤维的含量要比蔬菜少，与蔬菜相比，水果促进胃肠道蠕动、促进钙和铁吸收的作用要相对弱一些。如果经常让宝宝以水果代替蔬菜，水果的摄入量就会增大，导致宝宝摄入过量的果糖，而果糖摄入太多，不仅会使宝宝的身体缺乏铜元素，还会影响其骨骼的发育，易造成其身材矮小，而且宝宝还经常会有饱腹感，因而不爱吃饭。

宝宝的饮食过于精细

食物过于精细会造成宝宝对某种或多种营养物质的缺乏，从而引起一些疾病，因此，要多给宝宝吃些粗纤维的食物，如蔬菜中的芹菜、油菜等。多吃粗纤维食物能促进宝宝咀嚼肌、牙齿和下颌的发育，还能促进肠胃蠕动，增强胃肠的消化功能，预防便秘，同时对龋齿和结肠癌也能起到一定的预防作用。